Moderne Biowissenschaften **Band 3**

Hans Löwe · Struktur und Funktion des endoplasmatischen Retikulums der Säugerzelle

HANS LÖWE

Struktur und Funktion des endoplasmatischen Retikulums der Säugerzelle

Mit 37 Abbildungen und 14 Tabellen

AKADEMIE-VERLAG · BERLIN

1972

Erschienen im Akademie-Verlag GmbH, 108 Berlin, Leipziger Str. 3–4

Lizenznummer: 202 · 100/517/72
Einband und Schutzumschlag: Rolf Kunze
Gesamtherstellung: VEB Druckhaus „Maxim Gorki“, 74 Altenburg
Bestellnummer: 2148/3 · ES 17 · C 3, 18 G 1
EDV-Nummer: 761 540 8
Printed in German Democratic Republic

VORWORT

Mit der vorliegenden Monographie haben wir uns die Aufgabe gestellt, die zahlreiche Literatur, die sich seit der Entdeckung des Ergastoplasmas durch GARNIER 1897 bis zum Beginn des Jahres 1970 zum Problemkreis „Endoplasmatisches Retikulum" angesammelt hat, zusammenzustellen und zu ordnen. Dabei wurde bewußt auf die detaillierte Darstellung lichtmikroskopischer Befunde verzichtet, da hierzu bereits früher Übersichten gegeben wurden, die wenig durch Neuerkenntnisse zu ergänzen wären. Solche lichtoptischen Ergebnisse interessieren daher heute im wesentlichen nur aus historischer Sicht. Dementsprechend wurden sie auch im ersten Abschnitt, der der Entdeckungsgeschichte des endoplasmatischen Retikulums gewidmet ist, dargestellt. Erst durch die elektronenoptischen Methoden und die entwickelten Fraktionierungstechniken von Zellhomogenaten wurde es möglich, das endoplasmatische Retikulum in der Zelle als Organelle darzustellen und seine Funktionen zu untersuchen. Das endoplasmatische Retikulum erweist sich als eine universelle, sehr formvariable Struktur fast jeder Zelle, deren Funktionen bis heute jedoch noch wenig bekannt sind. In der isolierten Fraktion bildet es einen Teil der Mikrosomen, deren elektronenoptisches Bild sich jedoch wesentlich von dem endoplasmatischen Retikulum in vivo unterscheidet. Es bedurfte daher sogar einer gewissen Zeit, ehe man die Mikrosomenfraktion einer definierten Zellstruktur in vivo zuordnen konnte. Erschwerend wirkte sich dabei aus, daß funktionell ausgerichtete Arbeitsgruppen und morphologische Gruppen isoliert voneinander am gleichen Objekt arbeiteten, ohne daß die gewonnenen Erkenntnisse in Zusammenhang gebracht wurden. So wird es verständlich, wie wichtig es ist, die unterschiedlichen Ergebnisse zusammenhängend darzustellen. Das ist auch eines der Hauptziele, dem diese Monographie dienen soll. Es scheint allerdings nicht immer möglich, eine solche Aufgabe zu lösen, ohne daß subjektive Ansichten des Autors Ausdruck finden, was der Leser beachten möge. Es wurde jedoch beim Abfassen des Manuskriptes streng darauf geachtet, daß experimentell belegte Befunde und hypothetische Deutungen als solche deklariert und für den Leser erkenntlich werden.

Eine der wichtigsten Aufgaben des endoplasmatischen Retikulums scheint in seiner Funktion bei der Regulation von Stoffwechselvorgängen in der Zelle zu liegen. Diese Aufgabe deutet sich z. B. in ersten Befunden zur Steuerung der Proteinsynthese durch die Membranen des endoplasmatischen Retikulums an. Derartige Regulations- und Steuerungsmechanismen in der Zelle stehen heute im

Blickpunkt biologischen Interesses. Viele pathologische Entgleisungen der Zellfunktionen werden mit der Aufklärung solcher Regelmechanismen ihre Deutung finden. Das wird nicht zuletzt wichtige therapeutische Konsequenzen erkennen lassen. Das wissenschaftliche Interesse am endoplasmatischen Retikulum wird daher in der Zukunft schnell wachsen.

Bei einer kritischen Literatursichtung wird deutlich, wie lückenhaft unsere Kenntnisse über die Struktur und Funktion des endoplasmatischen Retikulums heute noch sind. Es ließ sich aus diesem Grunde auch nicht immer vermeiden, daß einzelne Befunde nebeneinandergestellt wurden, ohne daß direkte Zusammenhänge sichtbar werden. Besondere Lücken zeigten sich auch da, wo morphologische und funktionelle Studien in Zusammenhang gebracht werden müssen. Solche interdisziplinären Diskussionen erscheinen jedoch besonders wichtig, da sich die traditionellen Grenzen zwischen morphologischer und funktioneller Methodik mehr und mehr verwischen.

Der Autor war bemüht, den genannten Problemkreis umfassend darzustellen. Da die Literaturflut ins Unermeßliche steigt, ist es kaum noch möglich, auch auf kleinen Teilgebieten alle Publikationen zu erfassen. Es konnte daher auch nur Ziel dieser Zusammenstellung sein, die wichtigsten Gesichtspunkte berücksichtigt zu haben. Auf der anderen Seite wird es jedoch wegen der wachsenden Literaturflut immer notwendiger, in bestimmten Zeitabständen ein Wissensgebiet übersichtlich darzustellen, um damit die Grundlage für eine weitere rationelle wissenschaftliche Arbeit zu legen, die dann vor allem breiteren Kreisen zugute kommt, die sich in das Gebiet einarbeiten wollen. Auch dieser Gesichtspunkt war für uns wesentlich, als wir diese Zusammenstellung planten. So ist diese Schrift zuerst einmal an alle die gerichtet, die sich mit Einzelproblemen der Struktur oder der Funktion des endoplasmatischen Retikulums befassen und meist nur morphologische oder funktionelle Aspekte bearbeiten. Das betrifft vor allem einschlägig arbeitende Biochemiker, Pharmakologen und Morphologen, denen hiermit ein Überblick über das Ganze gegeben werden soll. Aber auch alle diejenigen, die das Gebiet erst kennenlernen wollen, sollen durch diese Zusammenstellung angesprochen werden. Darunter werden sich in vermehrtem Maße Kliniker finden, die im endoplasmatischen Retikulum einen der wichtigen Faktoren erkennen werden, der die individuelle Wirkung von Pharmaka beeinflussen und steuern kann. Anregungen und Ergänzungen zu der hier abgehandelten Thematik werden vom Autor stets sehr gerne entgegengenommen werden.

Mein Dank gilt an dieser Stelle Herrn Professor Dr. F. Jung, der die Arbeiten zu dieser Monographie stets wohlwollend unterstützte. Besonders habe ich aber meinen technischen Mitarbeitern zu danken, die sich oft in mühseliger Kleinarbeit bei der Erfassung der Literatur, wie auch bei der Durchführung eigener Arbeiten verdient gemacht haben. Insbesondere sind hier Frau Ilse Wolff, Frau Renate Hinz, Frau Ingrid Grunewald und Frau Helga Zeidler zu nennen. Nicht zuletzt gilt mein besonderer Dank dem Akademie-Verlag, insbesondere Herrn Lektor Karl Abel, durch dessen freundliches Entgegenkommen die Publikation möglich wurde.

Dezember 1971 — Hans Löwe

INHALTSVERZEICHNIS

1 GESCHICHTE UND BEGRIFFSBESTIMMUNG

An den Anfang seien einige Bemerkungen zur Entdeckung des endoplasmatischen Retikulums gestellt. Die ersten prinzipiellen Beobachtungen wurden 1869 von PFLÜGER und 1875 von HEIDENHAIN mit dem Lichtmikroskop gemacht. Beide beobachteten in der exokrinen Pankreaszelle zytoplasmatische Strukturen, die sich durch eine besondere Basophilie auszeichneten und die unterschiedlich häufig, in Abhängigkeit vom Sekretionszyklus, nachzuweisen waren. Diese basophilen Strukturen wurden von den Autoren als Bildungsformen von Zymogengranula angesprochen. Im Detail beschrieben sie Filamente und Stäbchen. GAULE (1881) und NUSSBAUM (1882) formulierten dann den Begriff „Nebenkern" der exokrinen Pankreaszelle. Sie verstanden darunter eine besondere chromophile Substanz, die sich neben dem Kern im Zytoplasma bildete und lichtoptisch gleiche Eigenschaften wie dieser hatte. Der Terminus „Nebenkern" erwies sich in der Folgezeit als irreführend, zumal sehr viele lichtoptisch ähnliche Erscheinungen mit diesem „Nebenkern" identifiziert wurden. Zutreffender war später der Terminus „ergastoplasmatischer Nebenkern", der von HAGUENAU (1958) vorgeschlagen wurde. Als Substrat des „Nebenkerns" nach GAULE und NUSSBAUM wurden Fremdkörpereinschlüsse, abgespaltenes Kernmaterial, Nukleolusmaterial und vieles andere angesehen. Weiterführende Ergebnisse veröffentlichten 1892 EBERTH und MÜLLER. Sie beobachteten die exokrine Pankreaszelle unter verschiedenen experimentellen Bedingungen und fanden den „Nebenkern" meist in Verbindung mit basophilen Filamenten. Die Autoren untersuchten Pankreas von Salamander, Frosch und Fisch, die sie im Hungerzustand, nach Wiederauffütterung und unter dem unmittelbaren Einfluß von Pilokarpin studierten. Sie sahen eindeutige Beziehungen des „Nebenkerns" zur Sekretionstätigkeit dieser Zellen; wiesen jedoch darauf hin, daß diese basophilen Strukturen keine Teile des Sekrets sein könnten.

Alle diese Befunde wurden 1894 von LAGUESSE in einer ersten monographischen Zusammenstellung über das Pankreas diskutiert. Ähnliche Studien, wie EBERTH und MÜLLER führte MOURET am Pankreas von Meerschweinchen, Hund, Kaninchen und Ratte durch, die er 1895 veröffentlichte. MOURET sah auch die in Abhängigkeit vom Sekretionszyklus unterschiedlich auftretenden Filamente und Nebenkerne, die er aber als eine Art Prozymogen diskutierte. Ausgehend von diesen und eigenen Beobachtungen, veröffentlichte GARNIER 1897 und 1899 dann seine grundlegenden lichtoptischen Arbeiten, die ihn zur Definition des Begriffes „Ergastoplasma" führten. Diese Studien an der Pankreaszelle, durchgeführt mit einfacher lichtoptischer Methodik, führten GARNIER zu Erkenntnissen, die später dann im wesentlichen durch die elektronenoptischen Arbeiten bestätigt wurden. Er sah in der basalen Region der Pankreaszelle nicht nur die bereits beschriebenen Filamente und Stäbe, sondern schloß auf Grund seiner Beobachtungen auch, daß es sich hier um Teile des Zytoplasmas handeln müsse, die mit diesem in Verbindung stehen und am ehesten als „fibrilläre Regionen des protoplasmatischen Retikulum" zu sehen seien. Mit basischen Farbstoffen, wie Safranin, Gentianaviolett und Toluidinblau, ließen sich diese Gebilde besonders gut anfärben. GARNIER fand auch, daß diese morphologischen Gebilde nicht permanent nachweisbar sind, sondern daß sie in Abhängigkeit zum sekretorischen Zyklus mehr oder weniger ausgebildet sind. Eingehend beschäftigte sich GARNIER mit der topographischen Zuordnung dieser Strukturen zu anderen Organellen der Zelle. Besonders häufig fand er sie in der Region des Nukleus, wo sie sich seitlich anhäufen konnten oder aber auch den Nukleus völlig einschlossen. Er sah in dieser topographischen Zuordnung einen besonderen Hinweis auf funktionelle Zusammenhänge zwischen Nukleus und Zytoplasma und nahm an, daß das basophile Material aus dem Zellkern ausgeschleust wird. In der Abbildung 1 sind Skizzen von GARNIER reproduziert. Wesentlich ist auch seine Annahme, daß es sich hier um eine universelle Struktur des Zytoplasmas handelt, die in wechselndem Ausmaß in allen Zellen ausgebildet ist. Er nannte diese Gebilde „Ergastoplasma", ein Name, den er aus dem Griechischen — Ergazomai — (erarbeiten, umformen) ableitete. Mit diesen grundlegenden Arbeiten waren damit die Eigenschaften des Ergastoplasmas in der exokrinen Pankreaszelle lichtoptisch beschrieben und auch wesentliche Zusammenhänge zur Funktion dieser Zelle erkannt. In einer Reihe von weiteren Arbeiten wurde die These von GARNIER bestätigt, daß es sich beim Ergastoplasma um eine universelle Struktur der Zellen handelt. So machte SOLGER (1894, 1896) ähnliche Beobachtungen wie GARNIER an der Glandula submaxillaris des Menschen. Auch hier zeigten sich basophile „Basalfilamente", „Basalbündel" und „Filarmassen", die generell auftraten und enge Zusammenhänge zur Sekretionstätigkeit der Speicheldrüse zeigten. SOLGER sprach von „besser sichtbarem" Grundzytoplasma, das in einigen Fällen als Prozymogen anzusehen sei. PRENANT (1898, 1899) bezeichnete das Ergastoplasma als universell auftretendes „protoplasme supérieur", das er im Gegensatz zum Kernchromatin als Zytochromatin bezeichnete und nach morphologischen Gesichtspunkten in Nebenkern, Dotterkern der Keimzellen, Ergastoplasma der Drüsenzellen und Nissle-Schollen der Nervenzellen einteilte. Somit war auch das eigentliche Substrat der Nissle-Schollen erkannt.

Ähnliche Beobachtungen, wie sie hier im wesentlichen aus der französischen und deutschen Schule dargestellt wurden, kamen parallel aus der angelsächsischen Schule. So beschrieb BENSLEY 1898 in den Drüsenzellen des Verdauungstraktes äußere, basophile, fibrilläre Zonen, die nach Meinung des Autors durch Prozymogen oder zytoplasmatisches Chromatin gebildet werden. MATHEWS sah 1899 in exokrinen Pankreaszellen Nebenkern und Basalfilamente, die sich nach seiner Meinung aus einem zytoplasmatischen Plasmanetz bilden. Zusammenhänge zwischen dieser „Fadensubstanz“ und der Sekretion wurden geäußert. Seine Arbeiten führten MATHEWS dicht an die Erkenntnis eines spezifischen, zytoplasmatischen Nukleoproteins heran.

Nach diesen grundlegenden lichtoptischen Untersuchungen kam eine Periode, in der die Existenz eines universellen Ergastoplasmas angezweifelt wurde. Die beobachteten Strukturen wurden als Fixationsartefakte oder als spezielle Struk-

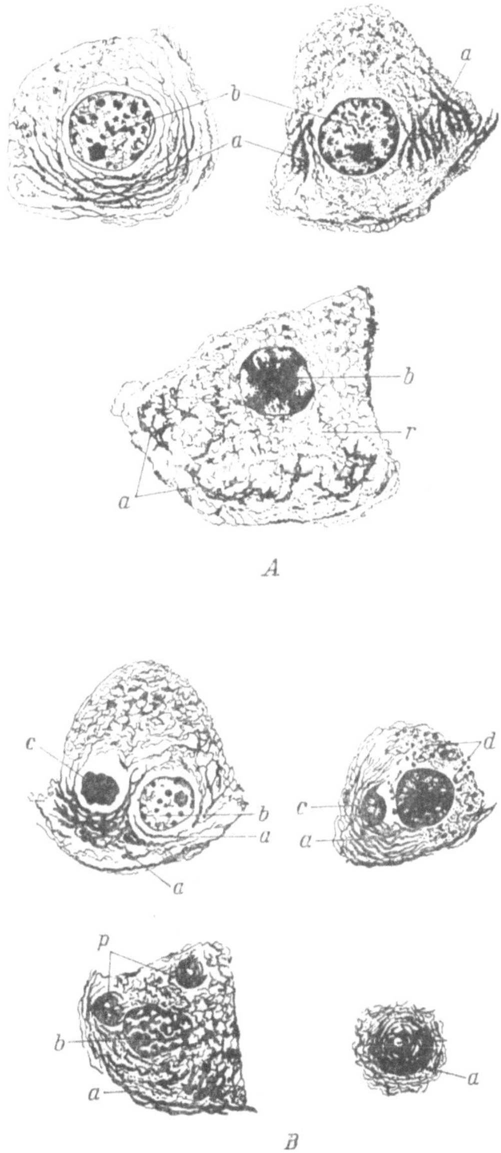

Abbildung 1: Reproduktion einer der Zeichnungen von GARNIER.
A = Darstellung der basalen Filamente;
B = Darstellung der „Nebenkerne“, Präparat: Gl. submaxillaris vom Menschen

turierungen aus Mitochondrien angesehen. CHAMPY (1911), HOVEN (1912) und GEORG ARNHOLD (1912) versuchten nachzuweisen, daß es sich beim Ergastoplasma, im Speziellen beim pankreatischen Nebenkern, um mitochondriale Gebilde handelt. MORELLE beschrieb noch 1927 das Ergastoplasma als ein Fixationsartefakt. REGAUD und MAWAS wiesen jedoch anhand ihrer Studien an den „serösen Zellen" der Gl. submaxillaris auf die grundlegenden Unterschiede zwischen Mitochondrien und Ergastoplasma hin. Sie sahen beim Zusatz von Essigsäure zu ihrem Fixationsmittel eine Zerstörung der Mitochondrien, während das Ergastoplasma besonders hervortrat. BENSLEY (1911) zeigte, daß die „Filamente" nicht immer präsent sind, während Mitochondrien stets nachweisbar sind. BERG diskutierte 1912 das Ergastoplasma als ein besonderes Speicherprotein, da er „basophile" Verklumpungen in der Leberparenchymzelle, besonders nach Wiederauffütterung hungernder Ratten fand. In gleicher Weise schienen auch die Beobachtungen von LUTZ erklärbar, der an Hepatopankreas von Mollusken das Auftreten von Wirbelkörpern im Zytoplasma sah, die nach Fasten der Tiere verschwanden. COLESTINO DE COSTA (1909, 1923) und DESDIN (1940) beschrieben die Struktur des Ergastoplasmas im Hypophysenvorderlappen von Meerschweinchen und Ratten, wobei besonders DESDIN auf die wechselnde Ausbildung in Abhängigkeit von der Hormonsekretion hinwies. So setzte sich doch wieder mehr die Auffassung durch, daß das Ergastoplasma eine separate, grundlegende Struktur der Zelle sei, wie das ja auch von GARNIER beschrieben war.

SAGUSHI sah 1920 in der Pankreaszelle ein generell ausgebildetes, protoplasmatisches Retikulum, von dem das Ergastoplasma nach seiner Auffassung ein Teil sei. DOLLEY prägte dann 1925 den Begriff des „chromidial apparatus", unter dem er im wesentlichen das Ergastoplasma verstand und mit dem er in besonderer Weise auf Beziehungen zwischen Kern und Zytoplasma hinweisen wollte, die seiner Meinung nach bei der Ausbildung des Ergastoplasmas eine Rolle spielen. MONNÉ (1948), BERNHARD und Mitarbeiter (1952) und FIALA (1955) übernahmen diesen Begriff. Sie sahen den „chromidial apparatus" generell als Zeichen einer besonderen synthetischen Kapazität der Zelle. Dabei sollte nach ihrer Annahme das Zytoplasma Stoffe in den Kern schleusen, die dieser in umstrukturierter Form wieder als „chromidial apparatus" in das Zytoplasma abgibt. Studien von RIES (1940) leiteten in die dritte Periode über, die durch die Anwendung der modernen Methoden gekennzeichnet ist. RIES fand unter Anwendung der Polarisationsoptik ungefähr den isoelektrischen Punkt des Ergastoplasmas zwischen 1,9 und 2,9. Andere Namen sind mit dieser Periode unmittelbar verbunden, wie SCHMIDT, FREY-WYSSLING, SEIFRITZ, der die Polarisationsoptik einführte, CLAUDE, CASPERSSON, der die Ultraviolettoptik einführte und schließlich BRACHET, RUSKA und VON BORRIES, deren Verdienst es war, mit der Einführung der Elektronenoptik diese methodische Entwicklung zu einem Höhepunkt geführt zu haben.

Die neue elektronenoptische Methodik gestattete es, die Zellstrukturen zu identifizieren, die das Ergastoplasma bilden. Der von GARNIER geprägte Begriff wurde bestätigt. Neue Begriffe, wie der des endoplasmatischen Retikulums und der Mikrosomen, tauchten auf, und die intrazelluläre Ausbildung des Ergastoplasmas sowie seine Veränderung im Ablauf von Funktionen konnte im Detail studiert werden. Die erste Phase dieser Entwicklung war jedoch noch durch die mangelhaft entwickelte Präparationstechnik der Elektronenmikroskopie gekennzeichnet. Man untersuchte meist Tropfpräparate von Einzelzellen, da man noch keine Ultradünnschnitte anfertigen konnte. In dieser Periode konnten jedoch bereits

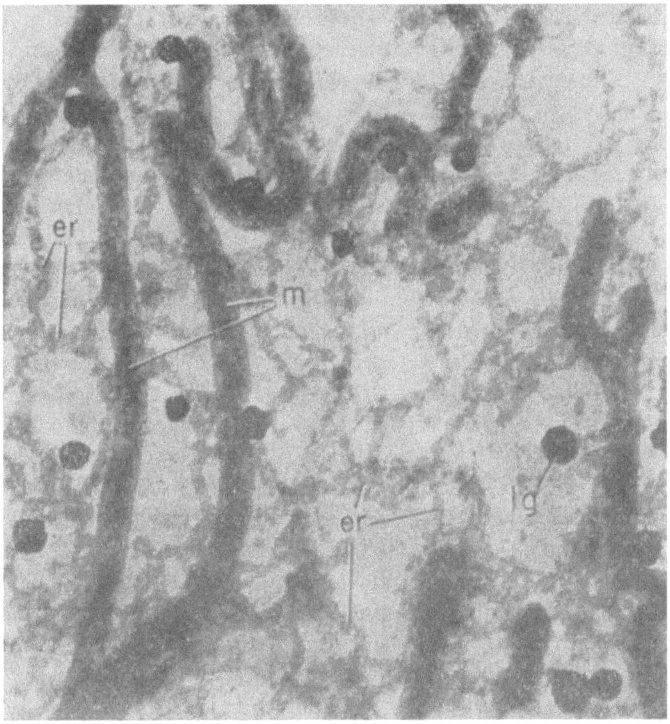

Abbildung 2: Darstellung des endoplasmatischen Retikulums in isoliert wachsenden Hühnermakrophagen.
Tropfpräparat (nach Porter).
m = Mitochondrien; er = endoplasmatisches Retikulum;
lg = große Granula.
Vergr. 1:13500

die Ergebnisse der Lichtmikroskopie zum Nachweis des Ergastoplasmas bestätigt werden. Auch die Definition der Mikrosomen, die Claude 1943 gab, konnte jetzt in situ bestätigt werden. Claude beschrieb die Mikrosomen als eine granuläre Fraktion des Zellhomogenates, wobei die Granula einen Durchmesser von 500 bis 3000 Å haben. Diese Fraktion erwies sich als wesentlicher Träger der zytoplasmatischen RNS und der Proteinsynthese. In der Abbildung 2 ist eine Aufnahme von Porter reproduziert, die dieser 1947 von isolierten Hühnermakrophagen machte. Die langen osmiophilen Stränge (m) stellen Mitochondrien dar, während das netzartige Gebilde im Zytoplasma (er) das endoplasmatische Retikulum ist. PORTER diskutierte die feinen granulären Elemente, die aus elektronendichten Partikeln (wie wir heute wissen, den Ribosomen) und vesikulären Grundelementen bestehen und die sich zum „lacelike-reticulum", dem endoplasmatischen Retikulum, zusammenfügen können, als die Mikrosomen nach der Definition von CLAUDE. In der darauffolgenden Periode gelang es bereits mit Ultradünnschnitten zu arbeiten. Die Definition des Ergastoplasmas wurde endgültig bestätigt. Später dann gelangen die hochaufgelösten elektronenoptischen Aufnahmen (SJÖSTRAND, PORTER), die nun schon Substrukturen des Ergastoplasmas, oder des endoplasmatischen Retikulums, wie es PORTER im Überbegriff nannte, erkennen ließen. Fortlaufend wurden und werden die rein deskriptiven, morphologischen Befunde durch biochemische ergänzt, die Zusammenhänge zwischen dem unterschiedlich ausgebildeten endoplasmatischen Retikulum in den verschiedenen Zellen mit deren Funktion suchen. Auf die letzte Periode, die durch die Anwendung der Elektronenoptik charakterisiert ist, soll noch detaillierter eingegangen werden. Nachdem PORTER 1947 und dann 1952 das endoplasmatische Retikulum mit den Mikrosomen identifiziert hatte und auch seine wesentlichen Komponenten, die Granula und die Vesikel als „growth granula" charakterisiert hatte, beschrieb HILLIER 1950 auf dem internationalen Elektronenmikroskopiker-Kongreß anhand von neuen Dünnschnitten durch Leberparenchymzellen, eine „feine, fibröse oder membranöse Komponente", deren Identität mit dem endoplasmatischen Retikulum von PORTER jedoch noch zu bestätigen war. DALTON bewies dann noch im gleichen Jahr an Schnittserien von Mäuselebern und Hepatomzellen, daß die von HILLIER beobachteten filamentösen Gebilde im Zytoplasma dem endoplasmatischen Retikulum nach PORTER entsprachen. BERNHARD identifizierte 1952 diese fibrilläre Struktur in der Leberzelle mit dem Garnierschen Ergastoplasma. Damit waren die Zusammenhänge zwischen den lichtoptisch beobachteten basophilen Bezirken im Zytoplasma (dem Ergastoplasma), der granulären Zellfraktion von CLAUDE (den Mikrosomen) und dem endoplasmatischen Retikulum von PORTER erkannt. Auch in anderen Zellen wurden diese Strukturen beschrieben. DALTON identifizierte den „Nebenkern" als ergastoplasmatisches Gebilde und diskutierte die „Möglichkeit, daß die Lamellen die Form bilden, in der zytoplasmatische RNS gespeichert wird". Nach 1952 führten dann besonders die Arbeitsgruppen um SJÖSTRAND und um PORTER die Schnittechnik zu einer solchen methodischen Vollkommenheit, daß Detailstudien an den Zellorganellen, so auch an dem endoplasmatischen Retikulum, möglich wurden. Neben morphologischen wurden immer mehr biochemische Befunde bekannt, die die Funktionsabläufe am endoplasmatischen Retikulum beschrieben. So kennen wir heute die Morphologie dieser Zellorganelle recht gut; ungeklärt sind bisher noch die Biogenese und ein Teil der Funktionen des endoplasmatischen Retikulums.

Am Schluß seien noch einige Begriffe zusammengestellt, deren klare Definition wichtig ist: Das *endoplasmatische Retikulum* stellt eine grundlegende membranöse Struktur des Zytoplasmas der Zelle dar. Es ist in fast allen Zellen nachweisbar, jedoch wechselt Form und Ausbildung wesentlich sowohl in den Zellen eines

Gewebeverbandes, als auch zwischen den Zellen unterschiedlicher Gewebe, wobei eine enge Korrelation zur Funktion dieser Zellen besteht. Das endoplasmatische Retikulum setzt sich aus den ribosomenbesetzten, daher auch rauhen oder rough-Membranen und den ribosomenfreien, daher glatten oder smooth-Membranen zusammen. Häufig werden die rough-Membranen auch als α-Membranen und die smooth-Membranen als β-Membranen bezeichnet. Die Affinität dieser Struktur für basische Farbstoffe ist an die Ribosomen der rough-Membranen gebunden. Diese bilden daher das *Ergastoplasma* von GARNIER. Die *Mikrosomen* sind nach den grundlegenden Arbeiten von PALADE und SIEKEVITZ sowie von DALLNER eine Fraktion, die man bei der Zentrifugation eines Zellhomogenates aus dem 9000g-Überstand gewinnen kann. Sie setzt sich aus den Elementen des endoplasmatischen Retikulums und den freien Ribosomen bzw. Polysomen zusammen.

Literatur zu 1.

BENSLEY, R. R.: Quart. J. Microscop. Sci. **41**, 361, 1968.

—: Am. J. Anat. **12**, 297, 1911.

BERNHARD, W., HAGUENAU, F. SANTIR, A., u. OBERLING, CH.: Z. Zellforschg. u. mikrosk. Anatomie **37**, 281, 1952.

BRACHET, J.: "Chemical Embryology", Inter. Sci. N. Y. 1950.

CASPERSON, T. O. et. al.: Acta Radiol. **46**, Suppl. 5, 1943.

CHAMPY, C.: Arch. anat. Microscop. **13**, 55, 1911.

CLAUDE, A.: Science **97**, 451, 1942.

—: Biol. Symp. **10**, 111, 1943.

—: In: "Microsomes and Drug Oxidations." Edited by J. R. Gillette u. a. Academic Press 1969, S. 3.

COSTA, DE C.: Bull. soc. part. sci. nat. **3**, 449, 1909.

—: Assoc. Anat. Lyon **18**, 107, 1923

DALLNER, G.: Acta Pathol. Microbiol. Scand. Suppl. 166, 1963.

DALTON, A. J. et. al.: J. Nat. Cancer Inst. **11**, 439, 1950.

DESDIN, L.: Compt. rend. soc. biol. **133**, 457, 1940.

DOLLEY, D. H.: Amer. J. Anat. **35**, 153, 1925.

EBERTH, C. L., u. K. MÜLLER: Zeitschr. wiss. Zool. **53**, Suppl. 112, 1882.

FIALA, S. et- al.: J. Histochem. Cytochem. **3**, 312, 1955.

GAULE, J.: Centr. med. Wiss. **19**, 561, 1881.

HAGUENAU, F.: Int. Rev. Cytol. **7**, 425, 1958.

HEIDENHAIN, R.: Arch. ges. Physiol. Pflüger's **10**, 557, 1875.

HILLIER, J.: Compt. rend. congr. int. electr. microscop. 1st. Congr. Paris 1950, 592.

HOVEN, H.: Arch. Zellforschg. **8**, 555, 1912.

LAGUESSE, E.: J. anat. physiol. **30**, 591, 731, 1894.

LUTZ, H.: Arch. Zellforschg. **16**, 47, 1921.

MATHEWS, A.: J. Morphol. **15**, Suppl. 171, 1899.

MONNÉ, L.: Advances in Enzymol. **8**, 1, 1948.

MORELLE, J.: Cellul. **37**, 178, 1927.

MOURET, J.: J. anat. physiol. **31**, 221, 1895.

NUSSBAUM, M.: Arch. mikroskop. Anat. u. Entwicklungsmech. **21**, 296, 1882.

PALADE, G. E., u. P. J. SIEKEVITZ: J. Biophys. Biochem. Cytol. **2**, 671, 1956.

PFLÜGER, E.: Arch. mikroskop. Anat. u. Entwicklungsmech. **5**, 199, 1869.
PORTER, K. R., u. F. C. KALLMAN: Ann. N. Y. Acad. Sci. **54**, 882, 1952.
PRENANT, A.: J. anat. Physiol. **34**, 657, 1898.
—: J. Anat. Physiol. **35**, 52, 170, 408, 618, 1899.
REGAUD, CH., u. J. MAWAS: Compt. rend. soc. biol. **66**, 461, 1909.
RIES, E.: Z. mikroskop. anat. Forschg. **47**, 456, 1940.
SAGUSHI, S.: Am. J. Anat. **26**, 347, 1920.
SOLGER, B.: Anat. Anz. **9**, 415, 1894.
—: Festschrift f. Carl S. Engelmann, Leipzig 1896.
GARNIER, CH.: Bibliographie anat. **5**, 278, 1897.
—: Contribution à l'étude de la structure et du fonctionnement des cellules glandulaires serenses, — Thesis, Nancy No. 50.

2

DIE STRUKTUR DES ENDOPLASMATISCHEN RETIKULUMS

2.1. Das endoplasmatische Retikulum der normalen Säugerzelle

Das endoplasmatische Retikulum ist eine universelle zytoplasmatische Organelle, die sowohl im Pflanzenreich als auch im Tierreich vorkommt. Unter den Säugerzellen fehlt es lediglich in den reifen Erythrozyten, die keinerlei Innenstruktur mehr erkennen lassen. Erst durch die Entwicklung der Elektronenmikroskopie war die systematische Untersuchung einzelner Zellorganellen möglich. So ist die überwiegende Zahl aller Befunde zur Struktur des endoplasmatischen Retikulums durch die Elektronenmikroskopie erbracht worden. Auch die anfangs gestellte Frage, ob das endoplasmatische Retikulum ein Präparationsartefakt ist oder eine reale Zellstruktur darstellt, konnte inzwischen eindeutig geklärt werden. So ist das endoplasmatische Retikulum durch verschiedene Präparationsmethoden darzustellen, wobei es immer eine gleiche Grundstruktur zeigt. Diese Struktur ist sowohl in der Zelle als auch in isolierten Fraktionen nachweisbar. Neben der elektronenmikroskopischen Methode läßt sich das endoplasmatische Retikulum darüber hinaus mit der Phasenoptik darstellen. Elektronenoptisch zeigt es in der Zelle eine außerordentlich variable Form. Es kann sowohl lamellär als auch tubulär das Zytoplasma in einem sehr unterschiedlichen Ausmaß anfüllen. Im Anschnitt zeigen die Profile einen Durchmesser zwischen 25 und 500 μm, wobei sich besonders der Raum zwischen den beiden begrenzenden Membranen variabel zeigt. Im Lumen des endoplasmatischen Retikulums tritt wechselnd elektronendichtes Material auf, das meist als Sekretionsprodukt der Zelle angesprochen wird. Zelltopographisch zeigen alle zytoplasmatischen Regionen mit Ausnahme der Golgiregion und der Region der ausgebildeten Zentrosphäre endoplasmatisches Retikulum. Außerdem sind bei Zellen, deren periphere Partien (Cortex, Ektoplasma) eine besondere strukturelle Differenzierung zeigen, diese Randpartien ebenfalls frei von endoplasmatischem Retikulum. Solche Zellen zeigen dann endoplasmatisches Retikulum nur zentral im „Endoplasma“ (z. B. Zellen des Epithels im Dünndarm). Die Ausbildung des endoplasmatischen Retikulums kann sehr unterschiedlich sein. In extremen Fällen, wie z. B. bei einigen Hepatomen, sind im Zytoplasma nur wenige tubuläre Fragmente des endoplasmatischen Retikulums zu finden. In anderen Fällen, wie z. B. bei Drüsenzellen, ist das Zytoplasma mit dicht gepackten, lamellär gelagerten Vesikeln des endoplasmatischen Retikulums ausgefüllt. PORTER sieht als eine besondere Eigenschaft des endoplasmatischen Retikulums die stets vorhandene Kontinuität der einzelnen Anteile dieser Organelle im Zytoplasma, so auch die Kontinuität mit der Kernmembran. Auf diese

Kontinuität zwischen endoplasmatischem Retikulum und der äußeren Lamelle der Kernmembran wies WATSON 1955 erstmalig hin. PORTER und MACHADO bestätigten diesen Befund. PORTER sieht so das gesamte endoplasmatische Retikulum, inklusive Kernmembran, als ein geschlossenes, retikuläres System des Zytoplasma, das zwei zytoplasmatische „Räume" schafft, die durch eine Membran

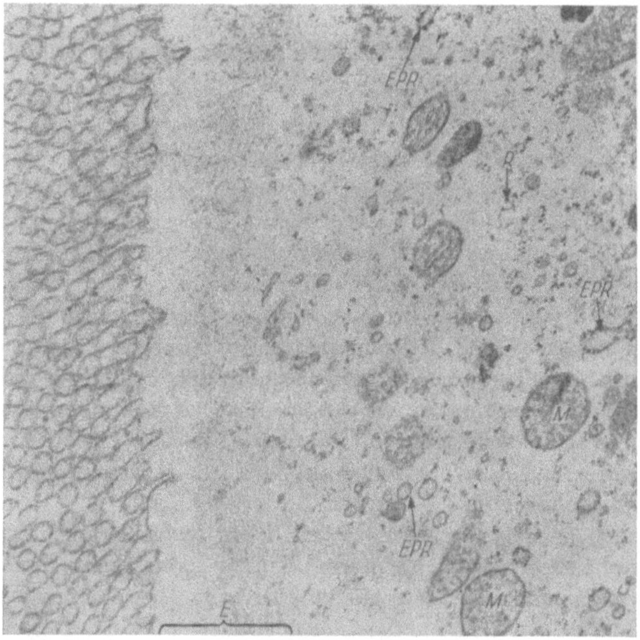

Abbildung 3: Anschnitt einer Epithelzelle aus dem Rattenileum. Unter der zu Mikrovilli ausgestülpten Zellmembran stellt sich eine Zytoplasmaregion ohne Organellen dar, das Ektoplasma.
E = Ektoplasma; EPR = endoplasmatisches Retikulum;
M = Mitochondrien;
R = freie Ribosomen und Polysomen.
Vergr. 1:23000

voneinander getrennt sind. Dieses in den einzelnen Zellen sehr unterschiedlich ausgebildete System zeigt ausschließlich im Bereich der Kernmembran eine konstante Form. Das gesamte System des endoplasmatischen Retikulums kann nach morphologischen Gesichtspunkten in verschiedene Anteile unterteilt werden. Man kann so die Kernmembran, die annulären Membranen, das variable zytoplasmatische Retikulum mit seinem ribosomenbesetzten Anteil und seinem ribosomenfreien Anteil und die Membranen der Golgi-Region als Teile des endoplasmatischen Retikulums sehen. Dabei scheint die Zugehörigkeit der Membranen der Golgi-Region zum endoplasmatischen Retikulum jedoch noch sehr umstritten.

Auch weitgehend ungeklärt scheint die Frage, ob die äußere Lamelle der Mitochondrienmembran zum endoplasmatischen Retikulum zu rechnen ist. Einige Befunde sprechen dafür, so z. B. morphologische Kontinuitäten, die zwischen der äußeren Mitochondrienmembran und regionalen Anteilen des endoplasmatischen Retikulums zu beobachten sind, sowie auch Ähnlichkeiten im Enzymbesatz (CLAUDE 1969).

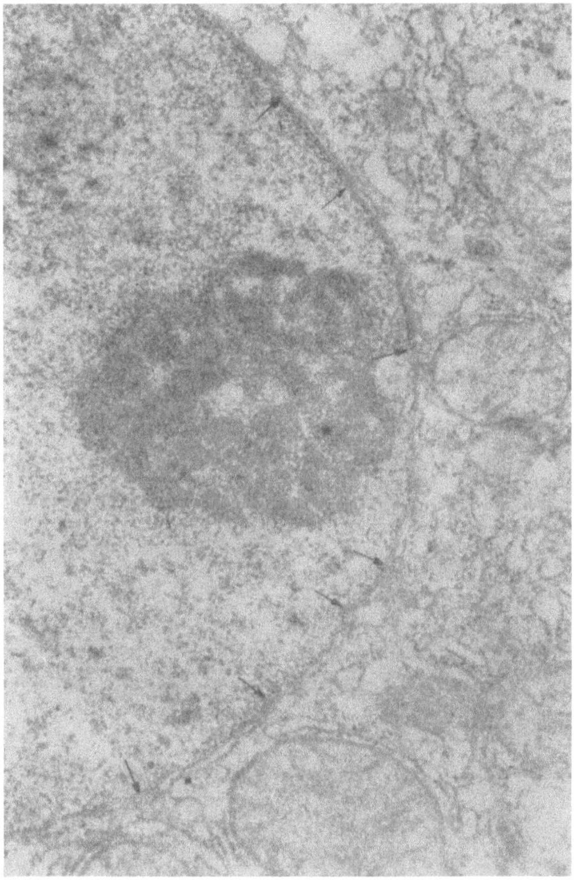

Abbildung 4: Querschnitt durch den Zellkern einer Leberparenchymzelle der Ratte. Bei → Poren der Kernmembran. Vergr. 1:28800

2.1.1. Die Kernmembran

Der Kern einer jeden Zelle ist durch eine Doppelmembran begrenzt. Im Querschnitt zeigt diese Begrenzung, die aus einer inneren und einer äußeren Membranlamelle mit dem dazwischenliegenden Lumen besteht, einen Durchmesser von 20—40 μm. Die Kernmembran wird nach Ansicht der meisten Autoren aus flachen Vesikeln gebildet, die sich der Oberfläche des Kernes auflegen und diese vollständig bedecken. Danach kann man die Vesikel dem endoplasmatischen Retikulum zurechnen, was bedeutet, daß sowohl innere als auch äußere Kernmembranen gleichermaßen dieser Struktur angehören. Andere Autoren rechnen dagegen nur die äußere Lamelle dem endoplasmatischen Retikulum zu, da nur hier morphologische Kontinuitäten gefunden werden konnten. Die Kontinuität der Kernmembran wird durch die Kernporen durchbrochen, die erstmalig von CALLAN und TOMKIN 1950 beschrieben wurden. In der Randpartie der Kernporen

a

b

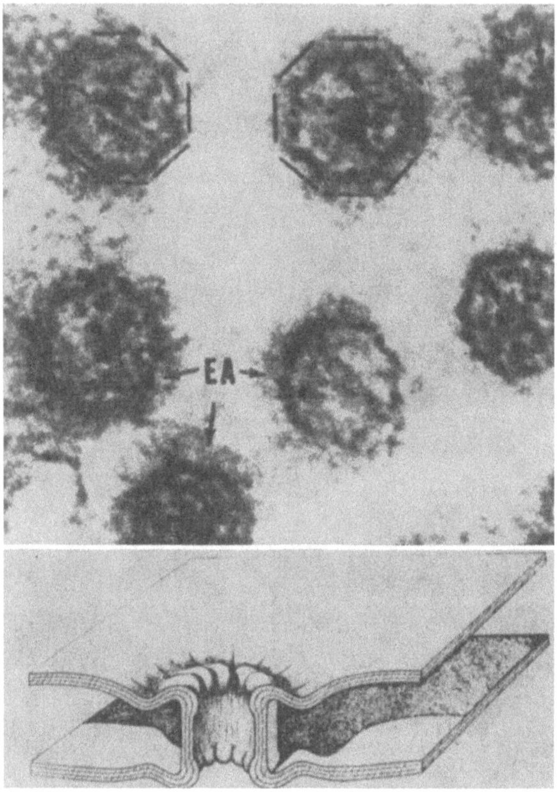

Abbildung 5: a. Aufsicht auf die Membranporen des Kernes einer Eizelle (nach KESSEL). EA = elektronendichtes Material des Porenwalles. Vergr. 1:195000
b. Schema einer Membranpore (nach SICHEL)

verschmelzen äußere und innere Kernmembran zu einem Ring, der im Flachschnitt eine polyedrische Struktur zeigt. (Abb. 5). Der Durchmesser einer Pore beträgt 50—100 µm. Die Verteilung der Poren über die Kernoberfläche zeigt nach PORTER keine bestimmte Ordnung. FRANKE et. al. fanden an isolierten Hirnzellkernen 30—45 Poren pro µm², d. h. 13—20% der Kernoberfläche werden durch Poren eingenommen. Die Verteilung der Poren scheint durch die Verteilung des Chromatins bestimmt zu sein, das einen sehr intimen Kontakt zu der inneren Kernmembran zeigt. In einigen Fällen sind die Kernporen durch eine Membran verschlossen. Über die genaue Substruktur der Kernmembranporen besteht noch keine einheitliche Auffassung. Während eine Reihe von Autoren die Porenbildung in einer einfachen Verschmelzung der beiden Lamellen der Kernmembran sieht, wird von anderen (u. a. AFZELIUS) die Mitwirkung von Mikrotubuli bei der Porenbildung diskutiert. POLLISTER et. al. (1954), ANDERSON und BEAMS (1956) sowie DAVID et. al. (1970) beobachteten den Durchtritt von Kernmaterial durch die Poren in das Zytoplasma. Hierbei handelt es sich nach Ansicht vieler Autoren (u. a. DAVID (1970) und MAUL (1970)) um ribosomale Vorstufen, die im Zytoplasma zu Ribosomen bzw. Polysomen aggregieren. Isolierte Kernmembrankomplexe zeigen eine unveränderte Morphologie der Kernporen, was sowohl im Negativkontrast, am Schnittpräparat, als auch mit der Gefrierätztechnik nachzuweisen ist (FRANKE et. al. (1970), MAUL (1970)).

2.1.2. Annuläre Membranen

AFZELIUS beschrieb 1955 annuläre Membranen erstmalig in Zellen von *Arbacia* und diskutierte sie als hyperplastisch gebildete Kernmembranfragmente. SWIFT (1956) fand die gleichen Strukturen in einer ganzen Reihe anderer Zellen. Die Grundstruktur der annulären Membranen ist eine Doppelmembran, zwischen deren beiden Lamellen ein intermembranöser Raum von 20—40 μm ausgebildet ist. Die beiden Lamellen gehen an den Rändern der Grundstruktur ineinander über, so daß man sich das Gebilde dreidimensional als einen flachen Vesikel vorstellen muß. Charakteristisch für die annulären Membranen sind Poren, die denen der Kernmembran gleichen. SCHEER und FRANKE fanden jedoch 1969, daß die Porenfrequenz in annulären Membranen wesentlich höher ist, als in Kernmembranen. Während bei Kernmembranen 13—20% der Fläche von Poren besetzt sind, sind es bei annulären Membranen aus Eizellen von *Triturus alpestris* 32—55%. Durch die Ausbildung von Poren unterscheiden sich die annulären Membranen von den glatten Membranen des endoplasmatischen Retikulums. Die Poren sind von einem Annulus begrenzt, nach dem diese Membranen benannt wurden. Annuläre Membranen findet man stets in der Nähe des Kernes. Hier sind sie parallel zur Kernmembran in unterschiedlich ausgebildeten Stapeln gelagert. In seltenen Fällen werden sie auch in anderen Regionen des Zytoplasmas angetroffen. Infolge der strukturellen Ähnlichkeit der annulären Membranen mit der Kernmembran kann man sie zum endoplasmatischen Retikulum rechnen. Darüber hinaus fanden BAL und Mitarbeiter 1968 direkte morphologische Kontakte zwischen annulären Membranen und rough-Membranen in Eizellen von *Arbacia punctulata*. Da die annulären Membranen eine stark basophile Reaktion zeigen (REBHUHN 1956), schließt man auf einen hohen Gehalt an Ribonukleinsäuren. MERRIAM (1959) wies besonders darauf hin, daß dieser hohe Gehalt an Ribonukleinsäuren im Gegensatz zu einer Ribosomenanlagerung an annuläre Membranen steht, die man nur vereinzelt beobachten kann. Im Raum zwischen den beiden annulären Lamellen findet man in wechselnder Ausbildung ein diffuses, osmiophiles Material. Es ist hauptsächlich in Form von granulären Partikeln mit einem Durchmesser von 40—90 Å ausgebildet, die unterschiedlich verteilt sind und in einigen Fällen in der Porenregion angereichert scheinen. Daneben findet man fibrilläres Material mit einem Durchmesser von 40—50 Å, das ein intramembranöses Maschenwerk bildet und auch in der Porenregion anzutreffen ist. PERRY wies partikuläres Material zwischen den annulären Membranen nach, das er als Glykogen ansprach. Kessel und andere Autoren beschrieben die Bildung von annulären Membranen aus Elementen der Kernmembran. Kessel fand in der *Necturus*-Eizelle direkte Zwischenstadien, die aus vesikelförmigen Abschnürungen der Kernmembran bestanden und sich zu annulären Membranen zusammenlagerten. Dieser Befund wurde von

a

b

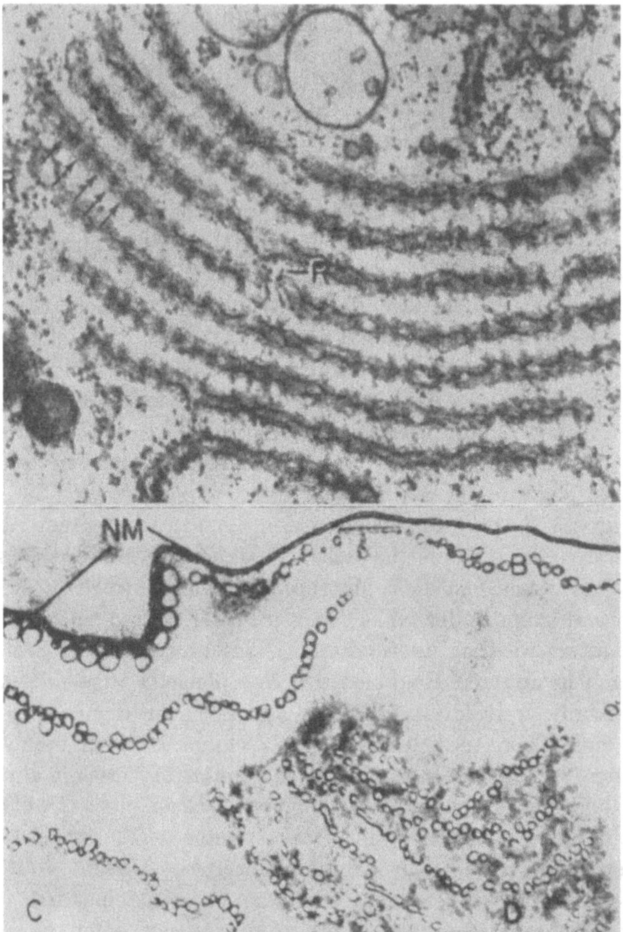

Abbildung 6: a. Annuläre Membranen aus einer Eizelle von *Necturus* (nach Kessel). R = Ribosomen.
Vergr. ≈ 1:21000
b. Schema der Bildungsweise annulärer Membranen (nach Kessel).
NM = Kernmembran; C = Zytoplasma; D = Stapel von annulären Membranen

anderen Untersuchern mehrfach bestätigt. Danach sind die annulären Membranen eine hyperplastische Bildung der Kernmembran. Man findet annuläre Membranen besonders in solchen Zellen, die ein aktives Wachstum und eine aktive Vermehrung zeigen. In folgenden Zellen wurden sie so nachgewiesen:

1. In Keimzellen: Annuläre Membranen wurden in Eizellen von Avertebraten und Vertebraten (Baca 1967), sowie in Meerschweinchenspermatiden (Palade 1955) beschrieben.
2. In embryonalen Zellen: Ross sah annuläre Membranen in embryonalen Zellen der Nebennierenrinde, Berman und Stice fanden solche in undifferenzierten Knochenmarkzellen der Maus.
3. In axillären, apokrinen Drüsenzellen (Gros 1966)
4. Im epidydimalen Epithel der Maus (Dalton und Felix)
5. In neoplastischen Zellen (Bingelli und Schulz, Maul)
6. In exokrinen Pankreaszellen
7. In virusinfizierten Zellen (Patrizi)

Merkow wies nach, daß sich annuläre Membranen in extrakorporär inkubierten Zellen (Keimzellen, embryonale Myocardzellen) besonders stark bilden können, wenn die Inkubation unterhalb physiologischer Temperaturen durchgeführt wird. Die Funktion der annulären Membranen ist bisher unbekannt. Kessel diskutierte die Möglichkeit der Übertragung von Kerninformationen in das Zytoplasma durch die nukleinsäurereichen, annulären Membranen.
Lin und Mitarbeiter beschrieben 1967 eine besondere Struktur, die den annulären Membranen sehr ähnlich ist. Sie fanden im Zytoplasma von Rattenpinealozyten eine Struktur, die sie als *kanalisierten Lamellenkörper* bezeichnen. Es handelt sich um „gefensterte" Zisternen, die im Zytoplasma dicht gepackt gelagert sind (Abb. 7). In der Aufsicht zeigen diese Membranen eine regelmäßige, hexagonale Anordnung von Poren. Im Querschnitt werden die Lamellen durch regelmäßig ausgebildete Poren durchbrochen, so daß das morphologische Bild eines Lamellenkörpers entsteht, der von Kanälen durchsetzt wird. Der kanalisierte Lamellenkörper kann in Kerneinbuchtungen tief in den Kern eingesenkt sein, so daß er als Kernorganell erscheinen kann. Ebenso wie bei annulären Membranen fand Lin Kommunikationen zu anderen Anteilen des endoplasmatischen Retikulums. Die Funktion dieser Struktur ist unbekannt. Stefens und Esterbrok beschrieben 1968 ein ähnliches Organell in endodermalen Zellen des Dottersackes von Fledermausembryonen. Sie besteht aus regelmäßig angeordneten Komplexen glatter Membranen, die mit rough-Membranen in morphologischer Kontinuität stehen. Zwischen den Membranen finden sich osmiophile Granula, die von den Autoren als Glykogen oder Lipid angesprochen werden. Da man bei diesen Membrankomplexen keine Porenbildung nachweisen kann, scheint eine Identität mit annulären Membranen oder dem kanalisierten Lamellenkörper nicht zu bestehen. Über die Funktion dieser Organelle ist ebenfalls nichts bekannt.

2.1.3. Der zytoplasmatische Teil des endoplasmatischen Retikulums

Dieser Anteil ist in seiner Form sehr variabel, jedoch meist nachweisbar und stellt das eigentliche endoplasmatische Retikulum im engeren Sinne dar. Prinzipiell findet man vesikuläre und tubuläre Formen. In letzter Zeit wurden darüber hinaus Befunde bekannt, nach denen auch eine nichtmembranöse, granuläre Komponente dem endoplasmatischen Retikulum zuzurechnen ist. Diese Komponente

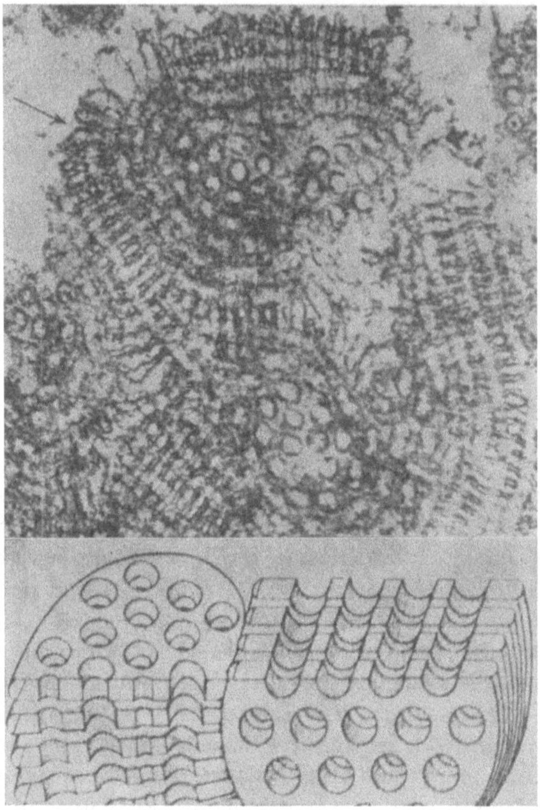

a

b

Abbildung 7: a. Kanalisierter Lamellenkörper (nach Lin et. al.) in einem Rattenpinealozyten. Vergr.: 1:40000
b. Schema zur Struktur des kanalisierten Lamellenkörpers

scheint häufig als „Glykogen" angesprochen zu werden und läßt sich sowohl in der Zelle als auch in isolierten Membranfraktionen des endoplasmatischen Retikulums nachweisen.. Sie geht in vielen Fällen in Membranstrukturen über (Pollak; Löwe). Diese granuläre Komponente scheint durch eine Zusammenlagerung von Membranvorstufen oder auch Membranzwischenstufen gebildet zu werden. Das Verhältnis der vesikulären zu der tubulären Form des endoplasmatischen Retikulums ist ebenfalls variabel und wahrscheinlich funktionsabhängig. Angesichts der Ausbildung so definierter, unterschiedlicher Formen des endoplasmatischen Retikulums muß noch einmal die Hypothese von Porter (1953) diskutiert werden, das endoplasmatische Retikulum als ein Netzwerk zu sehen. Diese Hypothese wurde von Bang und Bang 1957, Anderson und Cedergren 1959 unterstützt, jedoch von anderen (u. a. Sjöstrand 1956) abgelehnt. Heute scheint diese Hypothese von Porter nur noch begrenzt gültig. Eine Kontinuität zwischen einzelnen Anteilen des endoplasmatischen Retikulums, die auch unterschiedlich geformt sein können, ist in einigen' Fällen morphologisch direkt darzustellen. Jedoch findet man auch morphologische Kontinuitäten des endoplasmatischen Retikulums mit anderen Organellen der Zelle, so mit Mitochondrien, wie das Ruby 1969 in Säugereizellen nachweisen konnte. Da diese Organellen sicherlich eigenständig sind, scheint damit auch das Argument der morphologischen Kontinuitäten zwischen einzelnen Teilen des endoplasmatischen Retikulums nicht zwingend dafür zu sprechen, daß es sich hier in jedem Falle um ein einheitliches System im Sinne von Porter handelt. In vivo scheint das endoplasmatische Retikulum hingegen eine ebenso labile Struktur zu sein, wie z. B. die Zellteilungsspindeln, nur daß seine Strukturierung in den beschriebenen Formen in Abhängigkeit von der Funktion, wesentlich häufiger erfolgt als die Strukturierung der Zellteilungsspindeln. Demzufolge trifft man die strukturierten Elemente des endoplasmatischen Retikulums auch meist nach einer Fixierung an, in anderen speziellen Fällen auch das Stadium der Membranvorstufen bzw. Zwischenstufen. Der vesikuläre Anteil des endoplasmatischen Retikulums kann sowohl durch kleine, geblähte Vesikel, als auch durch größere, flache Vesikel gebildet werden, die sich dann meist parallel geschichtet in den Zellen finden und im Anschnitt als Lamellenpackungen erscheinen. Bei Zellschädigungen oder auch bei der Isolierung des endoplasmatischen Retikulums aus der Zelle gehen die flachen, großen Vesikel durch eine Fragmentierung in die kleinere, geblähte Form über. In der Leberparenchymzelle finden sich, wie in anderen Zellen auch, im Anschnitt häufig Komplexe von 8—10 dicht gepackten Membranlamellen (Abb. 8), die man sich dreidimensional als kollabierte, geschichtete Vesikel vorstellen muß, und die durch ihre dichte Beladung mit Ribosomen lichtoptisch als einheitliche, basophile Körper darstellbar sind. (Fawcett 1955, Porter und Bruni 1960). Die exokrine Pankreaszelle ist, wie andere exokrine Drüsenzellen auch, in ihrem gesamten Zytoplasma dicht mit den gepackt parallel liegenden endoplasmatischen Vesikeln ausgefüllt. Sowohl die lamellären, als auch die kleinen, geblähten Vesikel können an ihrer äußeren Oberfläche mit Ribosomen oder Polysomen besetzt sein. Dabei ist die Zahl der angelagerten Ribosomen oder Polysomen nach Sjöstrand und Hanzon (1954) sehr unterschiedlich. Meist sind die Polysomen an die Membranen in Form von Kreisen, Rosetten oder Spiralen angelagert. David fand 1969 in Leberparenchymzellen der Maus $12 \pm 3{,}3$ Ribosomen pro membrangebundenes Polysom. Pro μm Membranstrecke fanden sich dabei 22 Ribosomen, die nach Aktinomycinbehandlung auf 16—17 reduziert wurden.

Die Membran bleibt erhalten, wenn die Polysomen abgelöst werden; sie geht dabei in eine ribosomenfreie Membran über (Abb. 10). Rückbindungen von Polysomen an Membranen scheinen grundsätzlich möglich. Das ribosomenbesetzte endoplasmatische Retikulum stellt das eigentliche Ergastoplasma von Garnier dar.

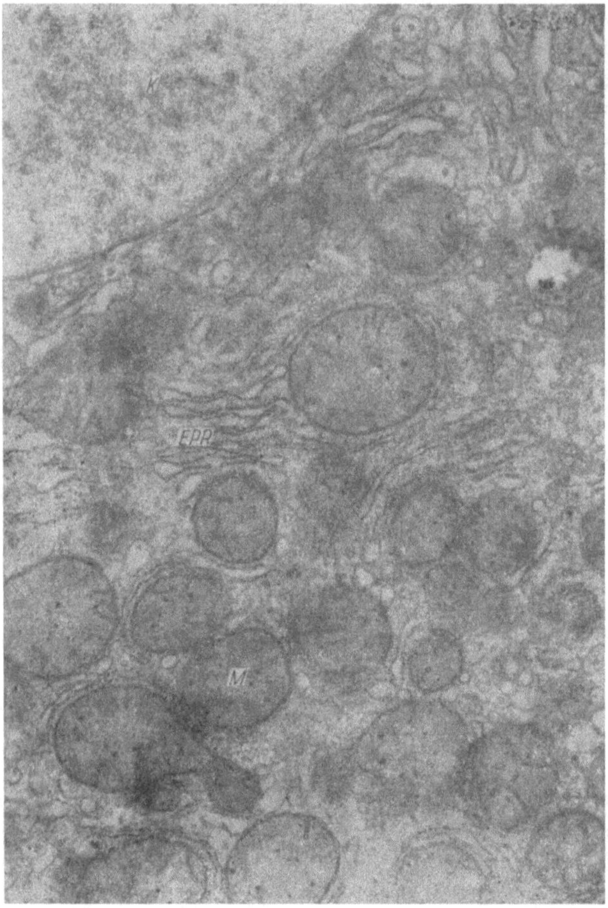

Abbildung 8: Leberparenchymzelle einer Ratte mit stapelförmig formiertem endoplasmatischem Retikulum (EPR) in Kernnähe.
K = Kern; M = Mitochondrien.
Vergr. 1:17100

Da die Oberfläche der ribosomenbesetzten Membranen rauhe Konturen hat, wurde dieser Typ endoplasmatischer Membranen auch „rough"-Membran (oder α-Membran) genannt. Eine intensive Ausbildung von rough-Membranen im Zytoplasma einer Zelle ist als Ausdruck einer intensiven Proteinsynthese zu deuten. Vesikuläres, endoplasmatisches Retikulum kann auch frei von Ribosomen sein und somit glatte Konturen zeigen; in diesem Falle wird es als „smooth"-Membran bezeichnet (auch β-Membran). Kleine Vesikel ohne Ribosomenbesatz findet man als sarkoplasmatisches Retikulum sowohl in quergestreiften, als auch in glatten Muskelzellen. Lamelläre Stapel von glatten Membranen finden sich im Zytoplasma

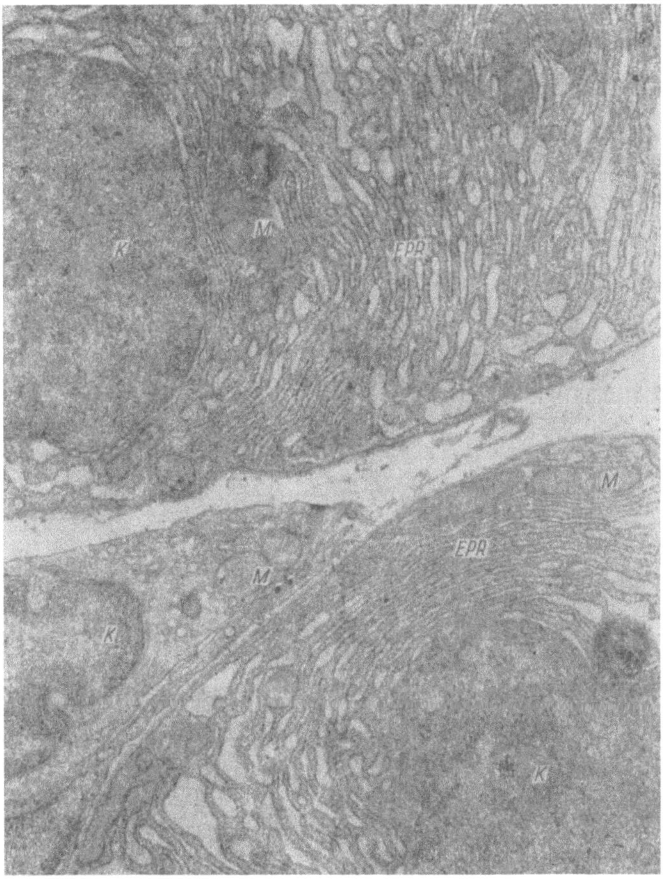

Abbildung 9: Anschnitt zweier exokriner Pankreaszellen mit einer zwischenliegenden Endothelzelle. Das Zytoplasma der Pankreaszellen ist weitgehend durch ribosomenbesetztes endoplasmatisches Retikulum ausgefüllt (EPR).
K = Kern; M = Mitochondrien.
Vergr. 1:13700

der Rezeptorzellen der Retina. Eine weitere Form des endoplasmatischen Retikulums sind Tubuli. Diese Tubuli können vereinzelt im Zytoplasma liegen, sie können aber auch in Form von großen, ineinander verflochtenen Komplexen auftreten (Abb. 10). Solche Komplexe trifft man z. B. in Leberparenchymzellen vermehrt an, die sehr intensiv Arzneimittel verstoffwechseln. Im Anschnitt sieht man in diesen Komplexen sowohl quer- als auch schräg- bzw. längsgetroffene Tubuli. Die tubulären Formen können in direktem Kontakt zu lamellär gelegenen Vesikeln stehen. Ebenso kann man Kontinuitäten zu kleinvesikulären Formen des endoplasmatischen Retikulums beobachten. In isolierten Fraktionen nehmen die Tubuli des endoplasmatischen Retikulums die Form von kleinen, geblähten Vesikeln an, die durch Fragmentierung entstehen. Die Tubuli zeigen in der intakten Zelle einen Durchmesser von 50—100 μm. CHRISTENSEN und FAWCETT beschrieben 1960 Komplexe aus tubulären, glatten Membranen in Zellen, die besonders intensiv Steroide produzieren. Gleiche Formen wurden von PORTER

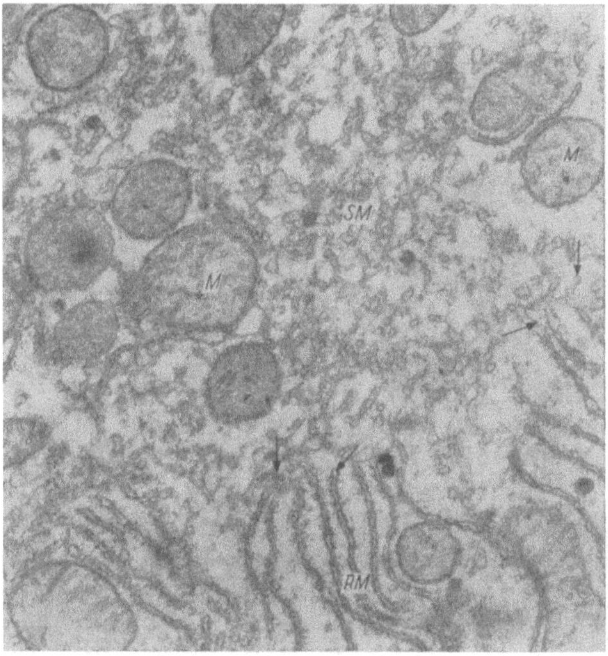

Abbildung 10: Anschnitt des Zytoplasmas einer Leberparenchymzelle der Ratte nach Phenobarbitalvorbehandlung. Zwischen den Mitochondrien liegt ein Komplex tubulär formierter, glatter endoplasmatischer Membranen (SM). Am Rand gehen ribosomenbesetzte endoplasmatische Membranen in glatte Membranen über (→).
Vergr. 1:21200

und YAMADA im Pigmentepithel der Retina gefunden. In der Leberzelle treten tubuläre Formen des endoplasmatischen Retikulums häufig in engem Kontakt zu „Glykogenkomplexen" auf. Auf die Problematik, ob es sich hier in jedem Falle um Glykogen handelt oder ob hier neben Glykogen unstrukturierte, partikuläre Membranbausteine vorliegen, wurde bereits hingewiesen (PORTER und BRUNI 1957; POLLAK 1966; LÖWE 1968). In einigen Zellen haben die glatten endoplasmatischen Membranen eine besondere Ausbildung erfahren. MARTINO et. al. fanden in Endothelzellen von Kapillaren der Niere, der Lunge und der Leber von Rhesusaffen eine besondere Form des glatten endoplasmatischen Retikulums, das aus tubulären Profilen, runden Partikeln und kristallinen Einschlüssen bestand. Ähnliche Bilder sahen sie in Zellen des glomerulären Endothels von nephritischen Patienten. Die kristallinen Einschlüsse zeigten sich aus einer Aggregation von runden Partikeln strukturiert, die einen Durchmesser von 200—240 Å hatten. Über die funktionelle Bedeutung dieser Komplexe ist nichts bekannt. PORTER und YAMADA beschrieben 1958 die Morphologie des Pigmentepithels der Froschretina, das eine besondere Ausbildung des Zytoplasmas zeigt. Es sendet Prolongationen zwischen die Zellen des Sinnesepithels der Retina (Stäbchen und Zapfen), in denen Lipofuscingranula wandern, wenn ein besonderer Lichtreiz die Retina trifft. Das Zytoplasma dieser Pigmentepithelzellen ist angefüllt mit glatten, endoplasmatischen Membranen, die meist in typischer tubulärer Form strukturiert sind, ähnlich wie in Zellen, die eine reiche Lipid- bzw. Steroidproduktion zeigen (z. B. Talgdrüsen oder die interstitiellen Zellen des Hodens). In den Pigmentzellen liegen in den Komplexen aus tubulären glatten Membranen linsenförmige Stapel aus flachen, kollabierten Vesikeln, die als Myeloidkörper bezeichnet werden. Peripher zeigen die einzelnen vesikulären Anteile der Myeloidkörper Kommunikationen mit dem tubulär ausgebildeten endoplasmatischen Retikulum (Abb. 11). Da diese Strukturen morphologisch den Membranstapeln

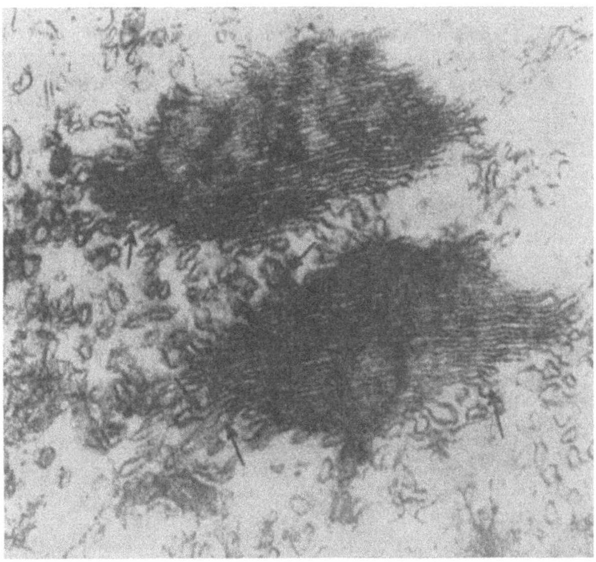

Abbildung 11: Myeloidkörper (nach PORTER und YAMADA) in einer Pigmentzelle der Froschretina → = Kommunikationen zu glattem endoplasmatischem Retikulum.
Vergr. 1:88000

im Zytoplasma der Sinnesepithelzellen (Stäbchen) gleichen, wurden sie von Porter und Yamada als innerzelluläre Fotorezeptoren gedeutet, die möglicherweise die Pigmentwanderung, wie auch andere physiologische Funktionen auslösen können. Myeloidkörper wurden in der Folgezeit auch im Pigmentepithel anderer Vertebraten gefunden.

2.1.4. Das sarkoplasmatische Retikulum

Das sarkoplasmatische Retikulum ist eine besondere Form des glatten endoplasmatischen Retikulums. Thin (1874), Melland (1885) und Cajal (1886) sahen in Skelettmuskelzellen eine retikuläre Struktur, die sich besonders nach Metallimprägnierung darstellt. Porter (1953) beschrieb als erster die elektronenoptische Struktur des sarkoplasmatischen Retikulums und wies die Identität mit dem endoplasmatischen Retikulum anderer Zellen nach. Benett und Porter (1953) sahen das sarkoplasmatische Retikulum als ein Netz aus Tubuli und Vesikeln, das jede Sarkomere einschließt. Dieses Retikulum, deren Elemente als

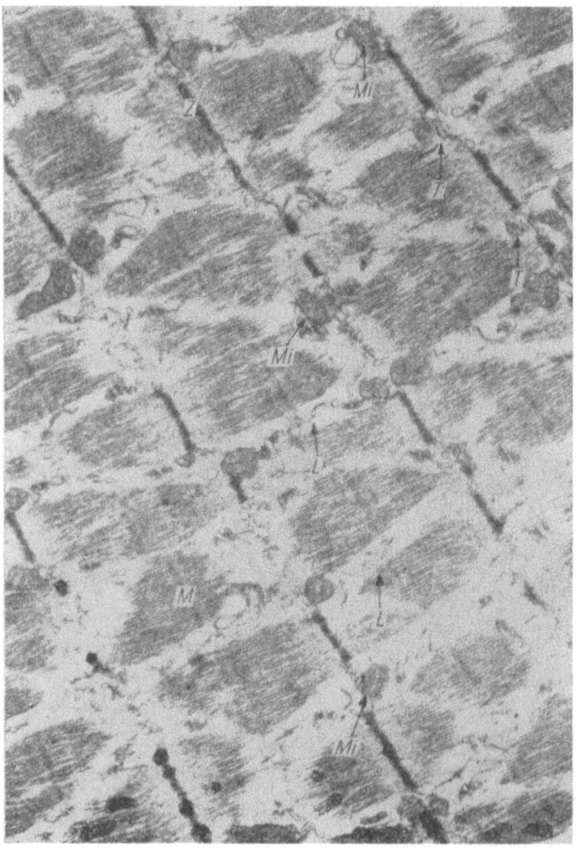

Abbildung 12: Ausschnitt aus einer quergestreiften Muskelzelle des Rattendiaphragma. L = L-Tubuli; M = M-Linie; Mi = Mitochondrien; T = T-Tubuli; Z = Z-Linie. Vergr. 1:17200

L-Tubuli (longitudinale Tubuli) bezeichnet werden, ist in der Höhe der Z-Linie unterbrochen, wo es durch die Elemente der T-Tubuli (transversale Tubuli) ersetzt wird. Die Elemente der L-Tubuli bilden die kalziumspeichernden Vesikel der Muskelzelle, die freies, intrazelluläres Calcium unter ATP-Spaltung speichern können. Diese Funktion spielt für die Muskelkontraktion eine besondere Rolle. Das T-System gehört nicht zum endoplasmatischen Retikulum. Es entsteht durch eine Einstülpung der sarkoplasmatischen Membran und ist so der Plasmamembran zuzurechnen. Durch diese tiefe Einstülpung der sarkoplasmatischen Membran in die Muskelzelle ist eine gleichzeitige Reizübertragung auf alle kontraktilen

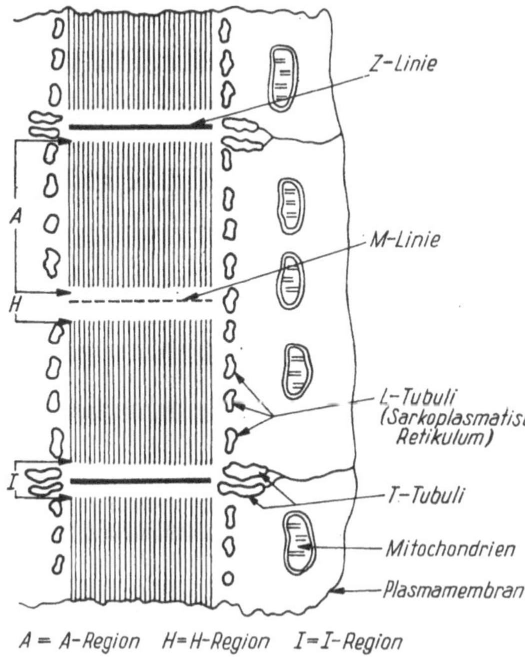

Abbildung 13: Ausschnitt aus einer quergestreiften Muskelzelle (schematisch)

Elemente gewährleistet und eine gleichzeitige Reaktion der gesamten Zelle möglich. Man findet das T-System besonders in sehr schnell kontrahierenden Zellen ausgebildet, wie z. B. im Herzmuskel. SCHIAFFINO und MARGRETH wiesen 1969 eine koordinierte Entwicklung des L- und T-Systems während des postnatalen Wachstums von Rattenskelettmuskeln nach. LEGATO und Mitarbeiter (1968) konnten am Papillarmuskel des Hundes, den sie isoliert durchströmten, ein unterschiedliches funktionelles Verhalten des T- und des L-Systems beobachten. Eine Erniedrigung des NaCl im Perfusionsmedium auf 25% des normalen Mediums (Osmolarität wurde mit Rohrzucker aufrechterhalten) zeigten die Vesikel beider Systeme eine Dilatation. Wurde dagegen nur das Natrium auf 25% erniedrigt, wobei das Chlorid in Form von Cholinchlorid in der Ausgangskonzentration zugefügt wurde, zeigten nur die Vesikel des L-Systems eine Dilatation, die des

T-Systems zeigten keine Formänderung. Gleiches konnte durch eine Erhöhung des Calcium von ursprünglich 5 auf 12 mM im Perfusionsmedium erreicht werden. Die spindelförmige, glatte Muskelzelle zeigt in der Kernregion ein unterschiedlich ausgebildetes System von ribosomenbesetzten und glatten Vesikeln des endoplasmatischen Retikulums. Daneben kann man an der Plasmamembran der glatten

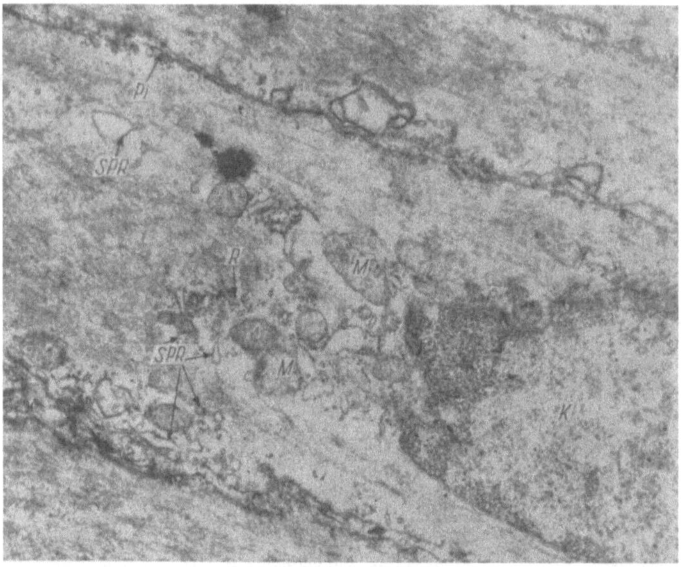

Abbildung 14: Ausschnitt aus einer glatten Muskelzelle des Meerschweinchenileums.
SPR = sarkoplasmatisches Retikulum; K = Kern;
M = Mitochondrien; R = Ribosomen; Pi = Pinocytosevesikel unter der Plasmamembran.
Vergr. 1:16500

Muskelzelle meist zahlreiche pinozytotische Vesikel beobachten, die ähnliche Funktionen haben, wie Elemente des sarkoplasmatischen Retikulums in der quergestreiften Muskelzelle. Heumann fand 1969, daß diese pinozytotischen Vesikel Calcium zu speichern vermögen. Er wies Calciumoxalatablagerungen ausschließlich im Innern dieser Vesikel nach, wenn er Oxalat in ein Medium gab, in dem glatte Muskelzellen inkubiert wurden (Byssusretraktor von *Mytilus edulis*). Der glatten Muskelzelle fehlt so die geordnete Ausbildung des sarkoplasmatischen Retikulums, wie es die quergestreifte Muskelzelle zeigt.

2.1.5. Golgi-Membranen

Die Zugehörigkeit der Strukturen des Golgiapparates zum endoplasmatischen Retikulum ist bisher nicht eindeutig geklärt. Es gibt jedoch Hinweise, die dafür sprechen, vor allem der Nachweis von morphologischen Kontinuitäten zwischen

Strukturen des Golgiapparates und des endoplasmatischen Retikulums (Abb. 15), wie auch funktionelle Gemeinsamkeiten bei den Sekretionsprozessen der Zelle. GOLGI beschrieb 1898 einen „apparato reticulare interno“ in Nervenzellen des Gehirns von Katzen und Eulen, der sich durch eine besondere Imprägnierbarkeit mit Silber auszeichnete. Diese erste Beobachtung erwies sich jedoch später als die

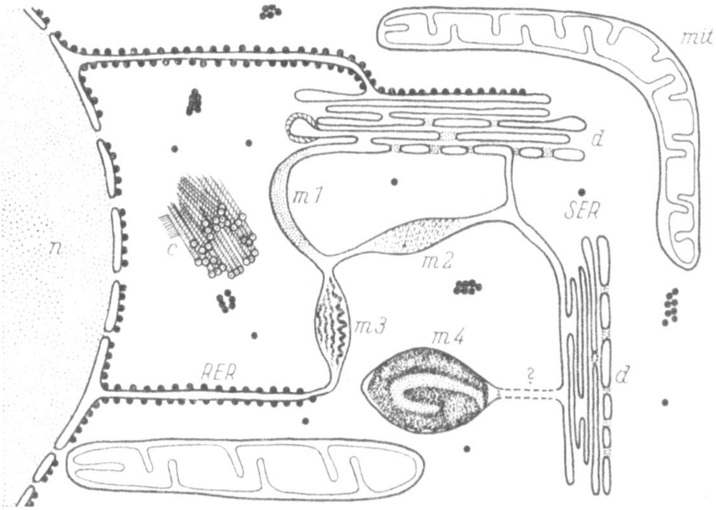

Abbildung 15: Schema der strukturellen Zusammenhänge zwischen Kernmenbran, endoplasmatischem Retikulum und Golgikomplex in der Zelle (nach MAUL).
c = Mikrotubuli der Zentriole; d = Membranen des Golgikomplexes (Dictyosomen); m_1—m_4 = Stadien der Verarbeitung und des intrazytoplasmatischen Transportes von Sekretionsproteinen;
mit = Mitochondrien; n = Kern;
RER = ribosomenbesetztes endoplasmatisches Retikulum;
SER = ribosomenfreies endoplasmatisches Retikulum

Beschreibung eines Artefaktes. Es handelte sich dabei um Ablagerungen metallischen Silbers zwischen den Membranen des endoplasmatischen Retikulums. Auch der lichtoptische Nachweis, daß sich die Golgistrukturen durch eine besondere Osmiophilie auszeichnen, erwies sich als unspezifisch, wie die Elektronenmikroskopie sehr schnell zeigen konnte. Es gab daraufhin mehrere Jahrzehnte Diskussionen um die Existenz des Golgiapparates, wie auch vor allem um die Benennung dieser Organelle. Jedoch setzte sich der ursprüngliche Name durch. In der Epoche der Lichtmikroskopie wurde eine ganze Reihe von besonders osmiophilen Strukturen im Zytoplasma von Zellen beschrieben, die z. T. als isolierte Organellen (Liposomen, Lipochondrien u. s. w.), im wesentlichen aber als Golgistrukturen angesehen wurden. Auch funktionelle Veränderungen im Zusammenhang mit Sekretionsvorgängen wurden lichtoptisch beobachtet (HIRSCH 1939).

Diese lichtoptischen Beobachtungen wurden durch die Elektronenmikroskopie wesentlich ergänzt und in vielen Fällen bestätigt.
Daneben trugen phasenoptische Untersuchungen dazu bei, die intravitale Existenz des Golgiapparates nachzuweisen. Elektronenoptisch stellt sich der Golgiapparat im Schnittpräparat als ein hufeisenförmiger bis runder Komplex in der Nähe des Kernes dar, der aus größeren und kleineren Vesikeln sowie übereinandergeschich-

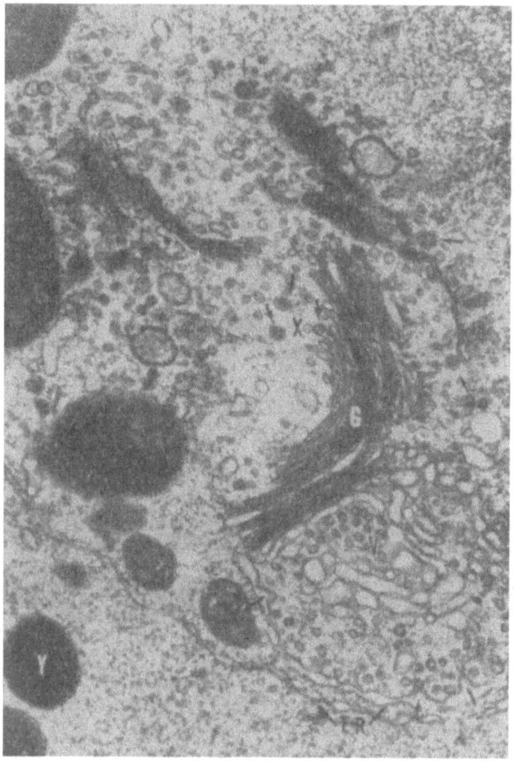

Abbildung 16: Golgikomplex aus einer Eizelle von *Thione briarens* (nach Kessel).
ER = endoplasmatisches Retikulum; die Pfeile zeigen Öffnungen des ER zu Golgivesikeln; G = Golgimembranen (Dictyosomen); V = Golgivesikel; X = Pfeile in dieser Region zeigen Enden der Golgimembran und abgeschnürte Vesikel, die mit Sekretionsprotein gefüllt sind (Dotter);
Y= Dotterkörperchen.
Vergr. 1 : 17100

teten, membranbegrenzten Zisternen besteht, die als Membranstapel imponieren (Dictyosomen), ähnlich wie man es im Bereich des endoplasmatischen Retikulums findet. In den Elementen des Golgiapparates ist oft osmiophiles Material nachweisbar, was als Sekretionsprodukt angesehen wird. Kartenbeck wies zusätzlich auf elektronendichte Aggregate hin, die er regelmäßig extrazisternal am zentralen Teil der distal liegenden Zisterne in Golgi-Komplexen von Rattenhepatozyten fand. Die Golgistrukturen sind in den meisten Zellen nachweisbar, wobei ihre Ausbildung allerdings variiert. Auch die topographische Zuordnung zum Kern ist allen Zellen gleich. An Membranen des Golgifeldes sind nie Ribosomen oder andere partikuläre Strukturen angelagert. Während einige Zellen, wie Epidermiszellen, Lymphozyten und einige Tumorzellen einen sehr kleinen und atrophischen

Golgiapparat besitzen, ist dieser in anderen Zellen sehr gut ausgebildet, wie z. B. in den Endothelzellen des Darmes während der Resorption, in vielen Drüsenzellen (z. B. in exokrinen Pankreaszellen), in Plasmazellen und in einigen Tumorzellen. Häufig ist im Golgifeld das Zentriol zu finden. Zwischen den Membranstrukturen des Golgiapparates und denen des endoplasmatischen Retikulum bestehen viele Gemeinsamkeiten, jedoch auch einige Differenzen. So ist der Querschnitt der endoplasmatischen, glatten Membranen und der Golgimembranen gleich ($\sim$100 Å). Jedoch zeigen die Golgimembranen eine größere Osmiophilie als die endoplasmatischen Membranen (Dalton und Felix 1956). Palade wies 1955 morphologische Kontinuitäten zwischen glatten endoplasmatischen Membranen und Golgimembranen nach, die er in exokrinen Pankreaszellen und in Rattenspermatoiden fand. Dalton (1961) beobachtete lichtoptisch in den Belegzellen des Magens einen sehr deutlich nachweisbaren Golgiapparat, der elektronenoptisch zunächst nicht zu finden war. In speziellen Untersuchungen zeigten sich dann im Bereich der glatten endoplasmatischen Membranen besonders osmiophile Bezirke, die lichtoptisch als Golgiregionen imponieren. Hier war so elektronenoptisch eine morphologische Differenzierung zwischen Golgiapparat und endoplasmatischem Retikulum nicht möglich. Biochemisch zeichnet sich der Golgiapparat im Gegensatz zu den endoplasmatischen Membranen durch einen besonders hohen Gehalt an saurer Phosphatase aus, wie er sonst nur noch in den Lysosomen gefunden wird (de Duve u. a. 1955). An sezernierenden Zellen findet man ebenso funktionelle Gemeinsamkeiten zwischen endoplasmatischem Retikulum und Golgiapparat. Zuerst erscheint osmiophiles Material im intramembranösen Spalt des endoplasmatischen Retikulums, das dann in konzentrierter Form in den Vesikeln des Golgifeldes wiederzufinden ist. Hier wird das Material zu Sekretgranula formiert und so sezerniert. Hirsch sah bereits 1939 lichtoptisch in exokrinen Mäusepankreaszellen, wie Sekretionsmaterial an der Basis der Zellen über den Regionen des Ergastoplasmas gebildet wurde und dann über die Regionen des Golgifeldes wanderte, um schließlich am Zellapex sezerniert zu werden. Caro (1961) und Caro und Palade (1961) konnten diese Befunde autoradiographisch an denselben Zellen unter dem Elektronenmikroskop bestätigen. Gleiches beobachtete Stein (1967) an der laktierenden Mäusemamma und an Leberparenchymzellen. Bartók u. a. wiesen auf die Mitwirkung von Golgikomplexen bei der Bildung peribiliärer Körperchen in Leberparenchymzellen nach einer subtotalen Hepatektomie hin. In jedem Fall war markiertes Material zuerst über dem endoplasmatischen Retikulum, dann über den Vesikeln der Golgiregion und später im extrazellulären Raum nachzuweisen. Gleiches konnte man in Zellen der Gl. thyroidea, in menschlichen Schweißdrüsenzellen, in Zellen des Nebennierenmarkes, in Nervenzellen des ZNS und in melaninbildenden Zellen (Maul 1969) beobachten (Literatur bei Grundmann). Auch lipidhaltige Sekrete werden auf diese Weise sezerniert (Yamamoto 1965, Jones 1966, Parks 1965). Hendler u. a. (1957) wiesen darauf hin, daß nicht jeder Sekretionsvorgang über den Golgiapparat abläuft, wie sie an der Oviductdrüse des Huhnes sahen. Darüber hinaus scheint der Golgiapparat auch bei den Resorptionsvorgängen eine wichtige Rolle zu spielen, wie u. a. Riedel und Gross an

HeLa-Zellen zeigen konnten. Man beobachtete auch in stark resorbierenden Epithelzellen des Dünndarmes eine Hypertrophie des Golgifeldes. Über die Funktion des Golgiapparates gibt es darüber hinaus keine sicheren Kenntnisse. Neben der Anreicherung resorbierten und zu sezernierenden Materials scheint eine Funktion bei der Zellteilung eine Rolle zu spielen, zumal man die Zentriole oft inmitten des Golgifeldes findet.

Leelavathi und Mitarbeiter konnten zeigen, daß eine Fraktion aus der Rattenleber, in der die Strukturen des Golgifeldes angereichert sind (gewonnen durch eine diskontinuierliche Dichtegradientenzentrifugation) gleiche Elemente enthielt, wie sie in der intakten Zelle zu beobachten sind, nämlich Membranlamellenlagen, Vesikel und tubuläre Elemente.

2.1.6. Zusammenhänge zwischen Glykogen und endoplasmatischem Retikulum

In Säugerzellen beobachtet man häufig Komplexe, die sich aus Elementen des endoplasmatischen Retikulums (smooth-Membranen, in seltenen Fällen auch rough-Membranen) und glykogenähnlichen Partikeln zusammensetzen. Es wird daher seit Jahren ein funktioneller Zusammenhang zwischen Glykogenbildung und -abbau in der Zelle und der Funktion des endoplasmatischen Retikulums diskutiert, ohne daß bisher sichere Beweise dafür gefunden wurden. Die Glykogen-Membrankomplexe sind sowohl in normalen Zellen als auch in geschädigten Zellen zu beobachten. Sie wurden meist in Leberparenchymzellen gefunden, so nach Alkoholhepatitis, bei Zirrhose und nach Gallengangverschlüssen. Weiterhin fand man sie nach Gabe leberschädigender und carcinogener Substanzen, so nach Applikation von 3-Methyl-Dimethylaminoazobenzol (Porter und Bruni 1959), Äthionin (Steiner 1964), n-Nitrosomorpholin (Banasch 1967) und auch nach Behandlung mit Phenobarbital (Remmer und Merker 1963, Löwe 1968). Auch in einem hepatozellulären Carcinom (Ghadially und Perry 1966) und in Hepatomzellen (Flaks 1968) wurden Membran-Glykogenkomplexe nachgewiesen. Gleiche Komplexe finden sich in anderen Zellen, wie z. B. in quergestreiften Muskelzellen der Maus (Garant 1968). Häufig werden quantitative Verschiebungen zwischen den Strukturen dieser Komplexe beobachtet. So sahen Porter und Bruni (1959) das Verschwinden von Glykogenfeldern im Zytoplasma von Leberparenchymzellen und das gleichzeitige Auftreten von glatten endoplasmatischen Membranen nach Behandlung mit 3-Methyl-Dimethylaminoazobenzol. Remmer und Merker sahen, wie nach Behandlung mit Phenobarbital an die Stelle zytoplasmatischer „Glykogendepots“ Komplexe aus smooth-Membranen traten. Löwe u. a. sahen das Auftreten großer „Glykogenkomplexe“ in Rattenleberparenchymzellen nach der Behandlung mit Phenobarbital, wenn die Ratten in der Behandlungsperiode ad libitum gefüttert wurden. In vitro wandelten sich diese „Glykogenkomplexe“ nach Inkubation in einem physiologischen Medium in Komplexe aus glatten endoplasmatischen Membranen um. Auf der anderen Seite zeigten Rash und Mitarbeiter, daß Membranstrukturen in „Glykosomen“ von

BeWo-Choriocarcinomzellen unter einer Glukosemast verschwanden. Sie diskutierten diese Membranstrukturen als kristallin angeordnete glykosidische Enzyme. Funktionell sind die Glykogen-Membrankomplexe bisher nicht zufriedenstellend zu deuten. Die meisten Autoren nehmen eine Mitwirkung des endoplasmatischen Retikulums bei der Glykogenese oder bei der Glykogenolyse an. Dagegen sprechen jedoch Befunde, nach denen nur die Glucose-6-Phosphatase als einziges am Glykogenstoffwechsel beteiligtes Enzym im endoplasmatischen Retikulum lokalisiert ist (Meldolesi). Die Glykogensynthetase findet sich im löslichen Überstand eines

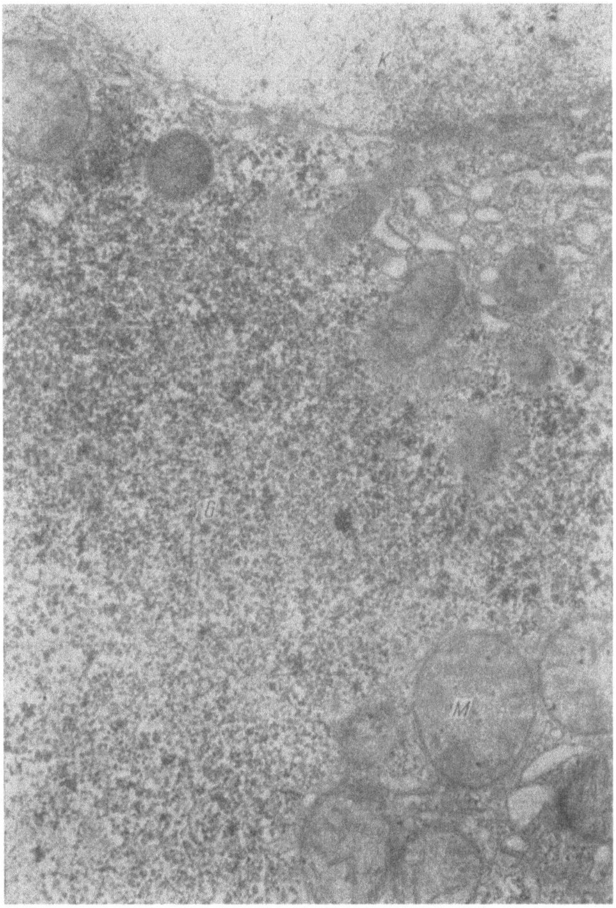

Abbildung 17: Leberparenchymzelle einer Ratte mit einem großen Komplex aus osmiophilen Granula, an deren Stelle im Experiment glatte Membranen treten können (G). Neben Glykogen liegen hier wahrscheinlich Membranvorstufen vor. K = Kern; M = Mitochondrien.
Vergr. 1:17000

Leberzellhomogenates, d. h. sie ist nicht an Strukturen gebunden. LUCK wies auf einen Faktor hin, der an smooth-Membranen gebunden ist und die Glykogensynthetase aktivieren kann. Er diskutiert daher eine eventuelle Steuerung der Glykogensynthese durch das endoplasmatische Retikulum. ANDERSSEN-CEDERGREN und Mitarbeiter sahen allerdings eine Glykogensynthetase im quergestreiften Muskel, die an das sarkoplasmatische System gebunden war; sie diskutieren eine direkte Mitwirkung des endoplasmatischen Retikulums bei der Glykogensynthese. Da man nach Barbituratvorbehandlung im Zytoplasma der Leberparenchymzellen von Ratten „Glykogenkomplexe" elektronenoptisch finden kann, die sich als Amylase-resistent erwiesen, diskutiert LÖWE das Vorhandensein von Membranbausteinen in diesen „Glykogenkomplexen", die sich in reguläre endoplasmatische Membranen umstrukturieren können. Vorher hatte bereits THEONES (1962) darauf hingewiesen, daß glatte endoplasmatische Membranen, wie er sie nach einer Thioacetamidvergiftung in Rattenleberzellen vermehrt nachweisen konnte, vermutlich direkt „aus der cytoplasmatischen Matrix" im Bereich von Glykogenfeldern entstehen können. MURTY und HALLINAN zeigten 1969, daß in Polysomenpräparaten stets kleine Fragmente von endoplasmatischen Membranen zu finden sind. Da die Präparationen vorher durch einen Rohrzuckergradienten (2,0 M) zentrifugiert wurden, den Membranen nicht passieren können, diskutierten die Autoren die Möglichkeit, daß Membranfragmente mit Glykogenkomplexen in die Polysomenpräparation gelangt sein könnten. Auf die Möglichkeit, daß während der Präparation Komplexe aus „Membranbausteinen" in die Polysomenfraktion gelangt sind, die sich dann zu Membranfragmenten strukturiert haben könnten, wiesen die Autoren nicht hin.

2.1.7. Das Verhalten des endoplasmatischen Retikulums während der Zellteilung

Die Kernmembran zerfällt in der sich teilenden Zelle in kleine Vesikel, die in der Nähe der Zellteilungsspindel persistieren. In der späten Anaphase und Telophase verschmelzen und proliferieren diese Vesikel und umgeben das Karyomere mit einer geschlossenen Kernmembran (MOSES 1960, BARER u. a. 1960). Bei diesem Vorgang können Vesikel in das Kerninnere gelangen und dann als „innernukleäre" Membranen erscheinen. Der zytoplasmatische Anteil des endoplasmatischen Retikulums zeigt nach PORTER (1956) während der Mitose teilweise eine Vesikulation und Fragmentierungen, zu einem großen Teil persistiert es aber auch in der Zelle und wird dann zufällig auf die beiden Tochterzellen verteilt (PORTER und MACHADO 1960).

KLEINFELD und DE FEO sahen unter der Wirkung von Colcemid, einem klasssischen Mitosehemmer, daß in den Deziduazellen des Rattenuterus der beschriebene Zustand des endoplasmatischen Retikulums (Vesikulation, Fragmentierung) persistiert.

2.2. Experimentelle Beeinflussung von Form und Struktur des endoplasmatischen Retikulums

Das endoplasmatische Retikulum kann sich unter körpereigenen und körperfremden Einflüssen in Form und Ausbildung verändern. Degenerative und regenerative Vorgänge, sowie andere funktionelle Einflüsse auf die Zelle führen stets zu entsprechenden Formänderungen des endoplasmatischen Retikulums. Dabei kehren folgende Änderungen der Formen stets wieder: Vesikulation und Vakuolisierung, Fragmentierung, eine Vermehrung oder Verminderung des endoplasmatischen Retikulums oder einzelner Teile dieses Systems und schließlich eine Auflösung von Membranen des endoplasmatischen Retikulums. Die ribosomenbesetzten Membranen zeigen häufig eine Ribosomenablösung, wobei sie in glatte Membranen übergehen. Bei einer besonderen funktionellen Stimulation der Zellen kann vermehrt osmiophiles Material im intramembranösen Spalt des endoplasmatischen Retikulums auftreten. Parallel dazu findet sich häufig eine Hypertrophie der Golgiregion, wobei auch hier in den Vakuolen vermehrt osmiophiles Material zu finden ist. Auch die Kernmembran zeigt gleichsinnige Veränderungen, wie sie am zytoplasmatischen Teil des endoplasmatischen Retikulums ablaufen. So kommt es auch hier zu Vesikulationen, Fragmentierungen sowie auch zu dissoziierten Änderungen der inneren und der äußeren Kernmembranlamelle. Die innere Kernmembranlamelle kann sich in das Karyoplasma einstülpen und dieses sogar segmentieren. Ebenso kann die äußere Kernmembran Ausstülpungen zeigen. Auf das Problem der Entstehung der annulären Membranen wurde bereits im vorangegangenen Abschnitt hingewiesen. Schließlich kann sich die Kernmembran fragmentieren und auch teilweise auflösen, wie man das physiologischerweise bei der Zellteilung finden kann.
Eine Vesikulation und teilweise Fragmentierung des endoplasmatischen Retikulums zeigt meist eine unspezifische Reaktion der Zelle an, die häufig degenerativ, zeitweise jedoch regenerativ zu deuten ist.

2.2.1. Das Verhalten des endoplasmatischen Retikulums unter hormonellen und anderen funktionellen Einflüssen

In der Embryonalzeit und der Neugeborenenperiode bildet sich das endoplasmatische Retikulum erst dann aus, wenn die Zelle funktionell beansprucht wird. So zeigen embryonale Leberzellen anfangs nur spärlich entwickeltes endoplasmatisches Retikulum in Form von Vesikeln. Im Laufe des embryonalen Wachstums fließen Vesikel zu Lamellen zusammen und bilden letztlich ribosomenbesetzte Membranen, die zum Geburtstermin im Zytoplasma der Leberparenchymzellen sehr reichlich nachzuweisen sind. Nach der Geburt nimmt das ribosomenbesetzte endoplasmatische Retikulum ab und es kommt zu einem Anstieg des glatten endoplasmatischen Retikulums unter gleichzeitigem Abfall des zunächst auch reichlich nachweisbaren Glykogens. Chlorpromazin, dem Muttertier gegeben, führt an der embryonalen Leber zu einem Anstieg glykogenähnlicher Strukturen im Zytoplasma der Parenchymzelle, dem jedoch kein Anstieg biochemisch nachweisbaren Glykogens parallel geht, so daß man hier an eine Bildungsstörung der endoplasmatischen Membran denken muß. In anderen Zellen bildet sich das endoplasmatische Retikulum erst nach der Geburt aus. So z. B. in den exokrinen Pankreaszellen, deren Fermentsekretion erst nach dem Geburtstermin einsetzt und in denen erst nach der Geburt die Ausbildung des ribosomenbesetzten endoplasmatischen Retikulums nachzuweisen ist, das schließlich das gesamte Zytoplasma der Zelle einnimmt (Munger 1958, Pipan 1960). Ebenso läßt sich in den Zellen des ZNS in den ersten Tagen nach der Geburt ein Anstieg des ribosomenbesetzten endoplasmatischen Retikulums um mehr als 400% nachweisen, wobei lichtoptisch die bekannten Nisslschollen gebildet werden. In Parallele dazu steigen die Kernmembranporen an; eine Beobachtung, die man auch in anderen Zellen des Organismus machen kann. Auch die Zellen der Schilddrüse zeigen erst nach der Geburt bis zum 12. Tag die Ausbildung eines ribosomenbesetzten endoplasmatischen Retikulums, das um den 20. Tag nach der Geburt das Zytoplasma der Zelle völlig ausfüllt. Ähnliche Veränderungen wie in der Wachstumsperiode kann man an proliferierenden Zellen finden, so an der regenerierenden Leber nach einer partiellen Hepatektomie. In den ersten 6 Stunden nach einer Teilresektion der Leber erkennt man eine Dilatation und Vesikulation des endoplasmatischen Retikulums in den erhalten gebliebenen Leberparenchymzellen. Dabei lösen sich die Ribosomen weitgehend von den endoplasmatischen Membranen ab. 18—20 Stunden nach der Resektion kommt es dann zu einer Proliferation des ribosomenbesetzten endoplasmatischen Retikulums. Dieses Bild beherrscht die gesamte Regenerationsphase. Das verbleibende Leberfragment ist dabei in der Lage, in einigen Tagen auf 100% des ursprünglichen Lebergewichtes zu regenerieren. In den oft anzutreffenden mitotischen Zellen der regenerierenden Leber setzt eine Neubildung des endoplasmatischen Retikulums besonders in der Telophase ein. Waldmann fand in hypertrophierenden Herzmuskelzellen nach einer funktionellen Überbelastung des Herzens eine Vermehrung sowohl ribosomenfreier, als auch ribosomenbesetzter endoplasmatischer Membranen. Ähnliche Beobachtungen konnte Priestly in den Tubuluszellen von Nieren machen, die infolge einseitiger Nierenresektion hypertrophierten. So geht jede funktionelle Stimulation der Zelle meist mit einer Vermehrung des endoplasmatischen Retikulums einher. Das kann man besonders gut an solchen Zellen nachweisen, deren Funktion durch Hormone gesteuert wird oder deren Funktion experimentell wesentlich zu steigern ist. So können sich aus Lymphozyten im Verlaufe einer entzündlichen Reaktion Plasmazellen bilden, wobei im Zytoplasma des Lymphozyten ein massiv proliferierendes, ribosomenbesetztes endoplasmatisches Retikulum zu beobachten ist (Moore und Schoenberg 1964). Gleichzeitig kommt es zu einer Hyperplasie des Golgi-Feldes. Auch Douglas und Fudenberg sahen die Bildung von Plasmazellen aus Lymphozyten nach einer mitogenen Stimulation in vitro. In Hypophysenvorderlappen kommt es bei Laktation und bei parenteraler Oestrogengabe zu einer Vermehrung des endoplasmatischen Retikulums in den azidophilen Zellen (Hymer u. a. 1961). Eine Ovarektomie führt hingegen zu einer Hypertrophie der basophilen Zellen mit einer deutlichen Vermehrung der ribosomenbesetzten Membranen. Werden zusätzlich Oestrogene gegeben, so verstärkt sich dieser Befund deutlich. Aoki fand eine besondere Entwicklung des ribosomenfreien, endoplasmatischen Retikulums in interstitiellen Zellen von Mäusetestes nach Androgengaben. Nach einer Resektion der Gl. thyreoidea findet man in der Hypophyse die sogenannten Thyreoidektomiezellen; sie zeigen ein hochgradig entwickeltes, ribosomenbesetztes und glattes endoplasmatisches Retikulum und ein ausgedehntes Golgi-Feld. In allen diesen Fällen kann man annehmen, daß durch eine gestörte periphere Hormonsekretion eine gesteigerte Sekretion von tropen Hormonen angeregt wird und damit die Funktion der hypophysären Zellen steigt. Ein ähnliches Bild findet man in den peripheren, innersekretorischen Organen. Die Schilddrüse zeigt als Antwort auf die Gabe von thyreotropen Hormonen eine Zunahme des endoplasmatischen Retikulums; nach Gabe von Methylthioharnstoff oder unter einem Jodmangel kommt es dagegen zu einer Vesikulation des endoplasmatischen Retikulums. Bei einer Aktivitätssteigerung, wie man sie in einer Basedow-Struma findet oder wie man sie unter einem Kältestress auslösen kann, findet man eine Vesikulation des endoplasmatischen Retikulums, wobei jedoch die Vesikel mit kolloidem Material ausgefüllt sind. Eine prinzipiell gleiche Veränderung zeigen die Zellen der Zona fasciculata der Nebennierenrinde. Hier kommt es unter dem Einfluß von ACTH ebenfalls zu einem Anstieg des endoplasmatischen Retikulums. Andererseits nehmen endoplasmatische Membranen in den adrenocorticalen Zellen unter Prednisolongabe massiv ab, wie Nussdorfer 1970 an Ratten zeigen konnte. Kastration führt in den Zellen der Samenblase zu einer Vesikulation und einer Abnahme des endoplasmatischen Retikulums. Wird peripher Testosteron gegeben, so bildet sich das endoplasmatische Retikulum wieder normal aus (Wendler und Porter 1960, Szirmai und van der Linde 1965). Die Zellen der Uterusschleimhaut zeigen während der Sekretionsphase, d. h. im Östrus, einen Anstieg der ribosomenbesetzten Membranen, die in der Proliferationsphase relativ spärlich entwickelt sind. Das führte Krone und Rickers 1967 zu der Auffassung, daß sich endoplasmatisches Retikulum nur in ausdifferenzierten Zellen bilden kann, nicht jedoch in noch wachsenden Zellen. So zeigen viele besonders schnell wachsende Zellen, z. B. embryonale Zellen oder einige Carcinomzellen, ebenfalls ein sehr spärliches bzw. kaum ausgebildetes endoplasmatisches Retikulum. Erlischt der funktionelle Reiz auf die Zelle, so kommt es zum größten Teil zu einer Vesikulation und zu einem Fragmentieren des vermehrt gebildeten endoplasmatischen Retikulums. Auch Zellen, die nicht zu den hormonproduzierenden Geweben gehören, können auf hormonelle Einflüsse eine Strukturänderung ihres endoplasmatischen Retikulums zeigen. So führt Progesterongabe in Leberparenchymzellen zu einer Hypertrophie des glatten, endoplasmatischen Retikulums (Emans und Jones 1968) und ebenso die Gabe von Cortisol bei adrenalektomierten Ratten (Rancourt und Litwack 1968), wobei die ribosomenbesetzten Membranen abnehmen. In einigen Fällen jedoch bleibt das so gebildete Retikulum auch in der funktionsarmen Zelle erhalten. So konnten Ito und Winchester 1963 in den Hauptzellen des Magens von Fledermäusen im

Winterschlaf Komplexe von streng geordneten, ribosomenbesetzten Membranen beobachten, die eine parakristalline Struktur zeigten, d. h. sie waren gleichmäßig orientiert, zeigten einen regelmäßigen Ribosomenbesatz und einen gleichen Abstand voneinander.

2.2.2. Veränderungen des endoplasmatischen Retikulums unter Einwirkungen in vivo

Werden dem Organismus in vivo körperfremde Substanzen zugeführt, so zeigt das endoplasmatische Retikulum der Leberparenchymzellen in vielen Fällen eine typische Reaktion: Es kommt zur Hypertrophie unterschiedlicher Anteile dieses Systems. In anderen Fällen zeigen sich dagegen keine oder nur degenerative Veränderungen. Besonders Stoffe, die eine Änderung der Proteinsynthese in den Zellen hervorrufen, führen häufig zu einer Hypertrophie des endoplasmatischen Retikulums, so z. B. Arzneimittel, die eine gesteigerte Synthese arzneimittelabbauender Enzyme bewirken (Enzyminduktion). Diese typische Reaktion führt zu einem massiven Anstieg, vor allem des glatten endoplasmatischen Retikulums in den Leberparenchymzellen. Daneben beobachtet man die Bildung sogenannter Wirbelkörper („whorl like figures"). Diese Wirbelkörperbildungen sind sowohl in regenerierenden, als auch in degenerierenden Zellen zu finden; es ist daher nicht sicher, ob alle Strukturen, die unter diesem Terminus beschrieben werden, vergleichbar sind. Die Wirbelkörper werden meist aus konzentrisch oder strangförmig angeordneten Lamellenlagen gebildet. In ihrem Zentrum findet man Mitochondrien, Lipidtropfen oder andere subzelluläre Strukturen. Den Lamellen sind teilweise Ribosomen und glykogenähnliche Partikel angelagert. In der Tabelle 1 sind Befunde zusammengestellt, nach denen man in Leberparenchymzellen Wirbelkörperbildungen gefunden hat. Solche Wirbelkörper, die keinen partikulären Besatz der Lamelle zeigen („Glykogenpartikel" oder Ribosomen), erinnern dabei sehr an Myelinfiguren, die sich spontan aus isolierten Lipoproteiden bilden

Tabelle 1 (Literatur bei Meldolesi et al.)

Wirbelkörperbildungen im Zytoplasma von Leberparenchymzellen

a) Wirbelkörper mit unterschiedlichem Ribosomenbesatz der Lamellen
Nach Behandlung mit Phenobarbital, Äthionin, Dimethylnitrosamin, Thiohydantoin (Bax 422 Z). In regenerierenden Lebern nach Virushepatitiden.

b) Wirbelkörper mit „Glykogen-Partikeln" zwischen den Lamellen
Nach Behandlung mit Äthionin, Thioazetamid, Tetrachlorkohlenstoff.

c) Wirbelkörper ohne Partikelbesatz der Lamellen
Nach Behandlung mit Äthionin, Dimethylnitrosamin, Thioazetamid, 3-Methyldiazobenzol, Tetrachlorkohlenstoff, DDT, α-Naphthylisothiocyanat, Phenobarbital, Thiohydantoin, unter Hypoxie, nach experimentellen Virushepatitiden, nach experimenteller Diphtherieintoxikation.

können. Da solche Wirbelkörper oft degenerierte, subzelluläre Partikel umschließen (Mitochondrien, Microbodies, Lipidtropfen u. a.), ist daran zu denken, daß es sich hier um lokale Zelldegenerationsherde handelt, eventuell um spezielle Formen von Cytolysomen. Auf der anderen Seite treten konzentrisch angeordneten ribosomenbesetzte endoplasmatische Membranen auf, die eine ganz andere Funktion in der

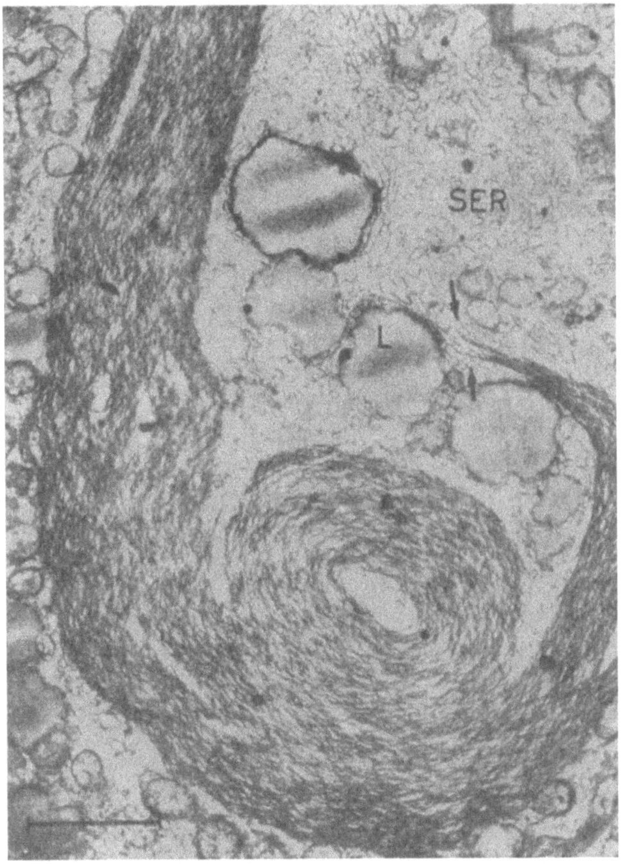

Abbildung 18: Wirbelkörperbildung in einer Leberparenchymzelle nach einer Äthioninintoxikation (Ratte, 6 Tage 200 mg/kg pro Tag Äthionin) (nach MELDOLESI und CLEMENTI). L = Lipidtropfen; SER = glattes, endoplasmatisches Retikulum, das an einigen Stellen (→) in die Lamellen des Wirbelkörpers übergeht. Vergr. 1:18 000

Zelle zu haben scheinen, als die vorgenannten „Myelinfiguren". Wirbelkörper, die zwischen den Membranlagen „Glykogenpartikel" zeigen, kann man u. a. nach einer Äthioningabe (STEINER et al.) beobachten. Auch diese Formen, die z. T. direkte Kommunikationen zum umgebenden endoplasmatischen Retikulum zeigen, sind nicht direkt mit den myelinähnlichen, partikelfreien Wirbelkörpern zu vergleichen. So scheint es nach unserem heutigen Wissen sehr fraglich, ob ein Teil der Wirbelkörper dem endoplasmatischen Retikulum zuzurechnen ist. Da sich Wirbelkörper, vor allem ribosomenbesetzte, durch basische Farbstoffe leicht anfärben lassen, wurden sie oft auch als endoplasmatische Nebenkerne beschrieben. Solche Nebenkernbildungen findet man auch in extrahepatischen Zellen, in denen experimentell eine gesteigerte Proteinsynthese erzeugt wird. Sie wurden z. B. in hypophysären Zellen beobachtet, wenn vorher mit Östrogenen behandelt

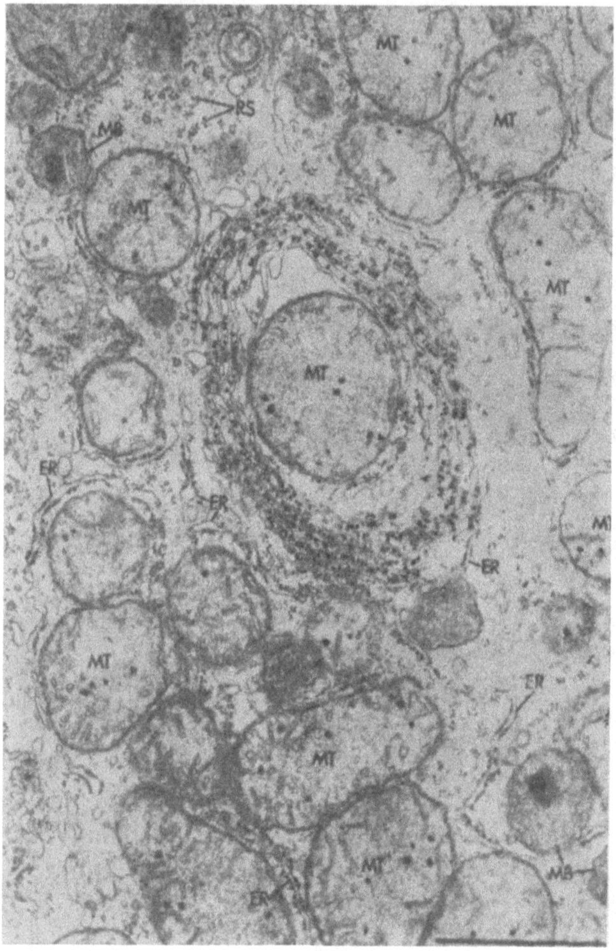

Abbildung 19: Endoplasmatischer Wirbelkörper in der Rattenleber nach einer Äthioninintoxikation (nach STEINER et. al.).
ER = endoplasmatisches Retikulum; MB = Microbody; MT = Mitochondrien; RS = Ribosomen.
Vergr. 1:22000

wurde. Man fand sie auch in exokrinen Pankreaszellen, wenn primär mit Äthionin vorbehandelt wurde und dann die Vorbehandlung unterbrochen wurde, so daß die Proteinsynthese wieder einsetzte. NICKERSON und CURTIS fanden dagegen auch in unbeeinflußten adrenocorticalen Zellen von *Meriones unguiculatus* konzentrische Wirbel von ribosomenbesetztem endoplasmatischem Retikulum.
Als typische und regelmäßiger zu beobachtende Änderung des endoplasmatischen Retikulums nach Gabe von Fremdstoffen tritt jedoch eine Hypertrophie des glatten endoplasmatischen Retikulums auf. Eine Analyse der Substanzen, die zu

dieser Hypertrophie führen, macht es sehr schwer, ein System zu erkennen. Es handelt sich auf der einen Seite um Arzneimittel und Substanzen, die zu einer Mehrsynthese an Proteinen in der Zelle führen, auf der anderen Seite um Stoffe, die eine Hemmung der Proteinsynthese hervorrufen. Eine Reihe dieser Stoffe sind in der folgenden Tabelle gegenübergestellt.

Tabelle 2

Stoffe, die zu einer Hypertrophie des glatten endoplasmatischen Retikulums in Leberparenchymzellen führen

1. Steigerung der Proteinsynthese	2. Hemmung der Proteinsynthese
Phenobarbital (und andere Barbiturate)	Barbiturate u. Actinomycin D (kombiniert)
Chlordan	Äthionin
DDT	2-Aminofluoren
Nikethamid	Äthanol
SKF 525 H	Chloroform
Thiohydantoin (Bax 422 Z)	Cystein
Tolbutamid	Diäthylnitrosamin
3,4-Benzpyren	Dimethylnitrosamin
Methylcholanthren	p-Dimethylaminoazobenzol
	Fluorenyldiacetamid
	α-Naphtholisothiocyanat
	2-Methyldiazobenzol
	Tetrachlorkohlenstoff
	Thioacetamid
	Phosphor
	Fluorazetat

Die meisten Beobachtungen wurden hierzu an Leberparenchymzellen gemacht. Sie gelten jedoch mit Einschränkungen auch für extrahepatische Zellen, deren Proteinsynthese durch die Substanzgaben beeinträchtigt wird.

Acros fand 1958 eine vermehrte Mikrosomenfraktion in Lebern von Ratten, die vorher mit Aminofarbstoffen vorbehandelt wurden. Porter und Bruni beschrieben dann 1959 erstmals Komplexe von glatten endoplasmatischen Membranen in Leberzellen von Ratten, die mit 3-Methyldimethylaminoazobenzol behandelt waren. In den ersten zwei Tagen nach der Vorbehandlung kam es zu einem Zerfall der ribosomenbesetzten Membranen. Die Ribosomen lösten sich ab, die Membranen zerfielen in kleine Segmente. Nach zwei Tagen war dann eine Aggregation und Anreicherung glatter Membrankomplexe zu beobachten, die in der Behandlungsperiode von ungefähr 11 Tagen maximal anstiegen. Dabei fanden die Untersucher einen Abfall von „Glykogenpartikeln", die vor der Behandlungsperiode in den Leberzellen nachzuweisen waren und die unter parallelem Auftreten von glatten Membrankomplexen verschwanden. 3-Methyldimethylaminoazobenzol führt in den von Porter und Bruni verwendeten Dosen zunächst zu einer Hemmung der

Proteinsynthese, später zu typischen Hepatombildungen, wenn die Behandlung fortgeführt wurde. Zu einem gleichen Bild kommt es unter der Behandlung mit Fluorenyldiacetamid, wie MERKOW und Mitarbeiter beobachten konnten. Auch diese Substanz erwies sich als ein Carcinogen, ähnlich wie das 3-Methyldimethylaminoazobenzol. STEINER und Mitarbeiter fanden 1964 nach der Gabe von Äthionin, das u. a. ein Hemmstoff der zellulären Proteinsynthese ist, in Leberparenchymzellen eine Anreicherung ribosomenfreier Membrankomplexe mit dazwischen gelagerten „Glykogenpartikeln". In diesen Zellen traten auch Wirbelkörperbildungen auf. EMMELOT und Mitarbeiter fanden nach einer chronischen Gabe von Cystein in Rattenleberzellen ebenfalls eine Hypertrophie des glatten endoplasmatischen Retikulums. Auch andere lebertoxische Substanzen, wie Kohlenwasserstoffe und halogenierte Kohlenwasserstoffe, führen zu gleichen Bildern. So kommt es nach Gabe von Äthanol (RUBIN 1968), nach Gabe von Tetrachlorkohlenstoff (GLAUERT und Mitarb. 1968, UNAKAR und Mitarb. 1968) und nach Gabe von Halothan und Chloroform (SCHOLLER 1967) ebenfalls zu einer Hypertrophie des endoplasmatischen Retikulums, wobei nur teilweise ein paralleler Anstieg der Proteinsynthese in den Leberparenchymzellen nachzuweisen war. Die Frage bleibt offen, ob die Vermehrung glatter endoplasmatischer Membranen nach Vorbehandlung mit halogenierten Kohlenwasserstoffen auf einen Zerfall von ribosomenbesetzten endoplasmatischen Membranen oder auf eine primäre Neubildung glatter endoplasmatischer Membranen zurückzuführen ist. Ähnlich wie die bisher beschriebenen lebertoxischen Substanzen, führen Arzneimittel und Stoffe, die die Proteinsynthese in den Leberzellen anregen, zu gleichen substrukturellen Veränderungen. Nachdem bereits durch die Arbeiten von CONNEY u. a. das Phänomen der Enzyminduktion in der Leberzelle beschrieben worden war (Arzneimittel, die mikrosomal verstoffwechselt werden, führen zu einer Mehrsynthese von Enzymen, die diesen Stoffwechsel katalysieren), beschrieb REMMER erstmals 1963 einen Anstieg des glatten endoplasmatischen Retikulums in Leberzellen von Tieren, die mit einem induzierenden Arzneimittel vorbehandelt waren (Phenobarbital). Er sah in auffallender Weise ein Absinken des morphologisch nachweisbaren Glykogens der Leberzelle und ein paralleles Ansteigen von Komplexen aus glatten endoplasmatischen Membranen. Parallele biochemische Glykogenanalysen des Gewebes wiesen jedoch keinen Abfall an Glykogen auf. Dieses Phänomen konnte REMMER seinerzeit nicht erklären. ORRENIUS und Mitarbeiter, die 1965 parallel biochemische und morphologische Veränderungen der Leberparenchymzellen unter einer Phenobarbitalinduktion untersuchten, konnten die durch Phenobarbital auszulösende Induktion durch Vorbehandlung mit Aktinomycin D und Puromycin hemmen, nicht jedoch die Neubildung glatter endoplasmatischer Membrankomplexe. In der Folgezeit nahm die Zahl der Verbindungen zu, die als induzierende Substanzen untersucht und erkannt wurden; aber auch die Zahl derjenigen Stoffe, die in Parallele zu der Enzyminduktion zu einer Hypertrophie des endoplasmatischen Retikulums führten, wurde größer.

Wir konnten (LÖWE und Mitarbeiter) beobachten, daß nur solche Tiere einen Anstieg der glatten endoplasmatischen Membrankomplexe im Zytoplasma der

Leberparenchymzellen zeigen, die unter der Vorbehandlung mit Phenobarbital ohne Nahrungszufuhr waren. Solche Tiere, die ad libitum gefüttert wurden, zeigten große Komplexe aus Partikeln im Zytoplasma der Leberzellen, die als „Glykogen" beschrieben sind. Interessant erscheinen auch die Beobachtungen von FRANKE

a b

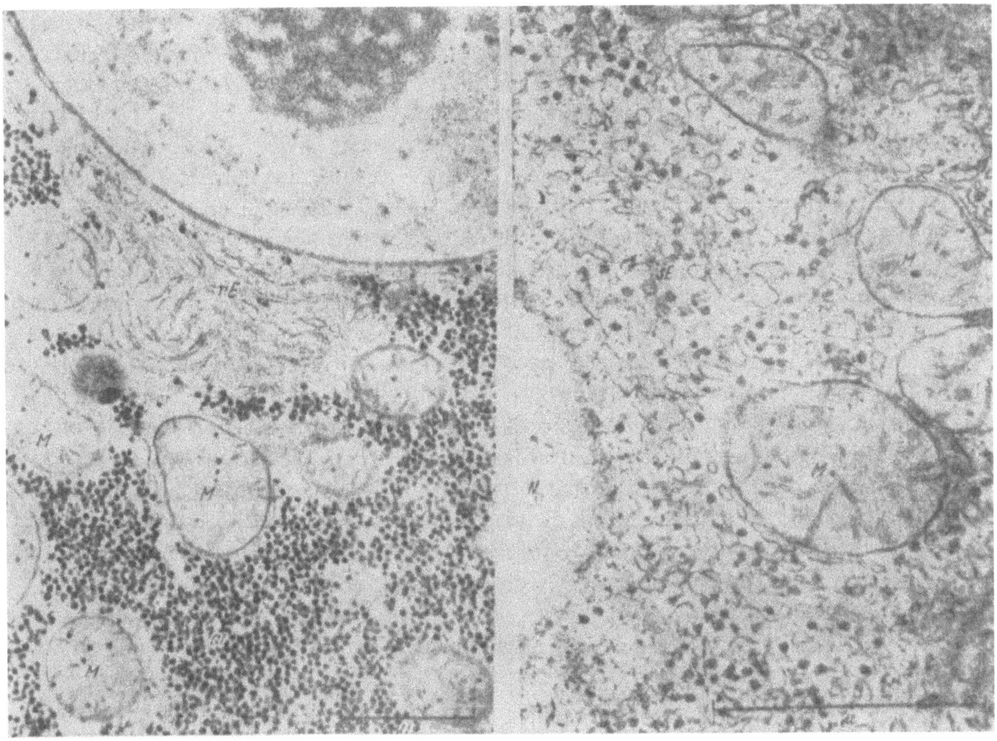

Abbildung 20: Leberparenchymzelle vom Hund (nach REMMER und SIEGERT)
a. unvorbehandelter Hund.
Vergr. 1:22000
b. 11 Tage nach Gabe von 60 mg/kg Phenobarbital.
Vergr. 1:35800
Gl = „Glykogenkomplexe"; M = Mitochondrien; N = Kern; rE = ribosomenbesetztes endoplasmatisches Retikulum; SE = ribosomenfreies endoplasmatisches Retikulum

und KLINGER, die die Enzyminduktion durch Phenobarbital in embryonalen Rattenlebern und parallel das Verhalten des endoplasmatischen Retikulums untersuchten. Hierbei sahen sie, daß fötale Lebern nach Vorbehandlung des Muttertieres mit Phenobarbital weder einen Anstieg des endoplasmatischen Retikulums zeigten, noch eine entsprechende Enzyminduktion. Beide Merkmale waren jedoch in der Leber des Muttertieres nachzuweisen, wobei das Phenobarbital die Plazentaschranke frei passiert. Neugeborene Ratten zeigten in den ersten Tagen

(6 Tage nach der Geburt) eine sehr schwache Entwicklung des glatten endoplasmatischen Retikulums nach Phenobarbitalvorbehandlung. Dagegen zeigten 10 Tage alte Ratten eine wesentlich stärkere Reaktion, die dann bei weiterer Alterung der Versuchstiere wieder abnahm. ROGERS und FOUTS beobachteten das Verhalten des endoplasmatischen Retikulums und die Enzyminduktion in Leberzellen nach einer Phenobarbitalvorbehandlung von Tieren, denen Zellen eines langsam wachsenden Hepatoms (Stamm Morrís 7800) implantiert worden waren. Dabei zeigten sowohl die Leberparenchymzellen als auch die Hepatomzellen einen typischen Anstieg des endoplasmatischen Retikulums, der verbunden war mit einem Anstieg der induzierbaren mikrosomalen Enzyme.
Unter einer Enzyminduktion zeigen generell nur solche Zellen eine Hypertrophie des endoplasmatischen Retikulums, die am Stoffwechsel der induzierenden Substanz beteiligt sind. So fanden UEHLEKE und GREIN 1968 in Nieren von Ratten und Kaninchen, die mit Phenobarbital induziert waren, weder einen Anstieg der mikrosomalen Enzyme noch einen Anstieg der Mikrosomen pro Gramm Gewebe. Dagegen zeigten die Lebern dieser Tiere einen Anstieg der Mikrosomenfraktion pro Gramm Frischgewebe um 90% und in Parallele dazu einen Anstieg der am Phenobarbitalabbau beteiligten mikrosomalen Enzyme. Es zeigen also nur solche Zellen eine Reaktion, deren Stoffwechsel unmittelbar stimuliert wird. Dabei ist der Anstieg des endoplasmatischen Retikulums eine unspezifische Reaktion, die nicht allein der Mehrsynthese mikrosomaler Enzyme dient. WALDMANN sah z. B. in hypertrophierten menschlichen Herzmuskelzellen einen Anstieg des endoplasmatischen Retikulums. KUNZ, SCHAUDE, FREY und andere Untersucher zeigten, daß neben der Induktion spezifischer mikrosomaler Enzyme die betroffene Leber eine Hypertophie bis zu 100% ihres ursprünglichen Gewichtes zeigt. Auch die Regeneration einer teilresezierten Leber kann durch eine Phenobarbitalbehandlung stimuliert werden. Die unter diesem Einfluß schneller wachsende Leber zeigt vor allem eine Volumenzunahme der Zellen, weniger eine Zunahme der absoluten Zahl an Zellen/Volumen. Parallel zum Anstieg des endoplasmatischen Retikulums beobachtet man also eine allgemeine Stimulation der Proteinsynthese. In diesem Sinne kann man auch die Spätreaktion der Zelle auf zellschädigende Substanzen diskutieren, wie sie in der Tabelle 12 zusammengestellt sind. Wie bereits PORTER und BRUNI zeigten, ist z. B. die primäre morphologische Reaktion auf die Gabe von 3-Methyldimethylaminoazobenzol ein Zerfall der Strukturen des endoplasmatischen Retikulums. Als sekundäre Reaktion kommt es dann zu einer Hypertrophie des glatten endoplasmatischen Retikulums in einigen zytoplasmatischen Regionen. Als Spätreaktion kommt es in diesem Falle zur Tumorbildung, d. h. zur Bildung von Zellen mit einer unkontrollierten, exzessiven Proteinsynthese. MELDOLESI wies 1967 nach, daß Substanzen, die speziell in der Leberzelle zur Hypertrophie des endoplasmatischen Retikulums führen, generell mikrosomal abgebaut werden. Allgemeiner kann man vielleicht sagen, daß exogene Einflüsse, die die Proteinsynthese einer Zelle steigern, unter anderem zu einer Hypertrophie des endoplasmatischen Retikulums in dieser Zelle führen.

2.2.3. Veränderungen des endoplasmatischen Retikulums unter Einwirkungen, in vitro

Wir sahen in Parenchymzellen von Leberschnitten, die wir in vitro unter Einwirkung von 2,4-Dinitrophenol und Malonat inkubierten, einen massiven Anstieg des endoplasmatischen Retikulums (Löwe und Mitarbeiter 1965, 1967, 1968). Dabei kam es vor allem zu einem Anstieg der ribosomenbesetzten endoplasmatischen Membrankomplexe, weniger zu einem Anstieg von glatten Membranen. Durch analytische Studien konnten wir nachweisen, daß diesem Anstieg des endoplasmatischen Retikulums in vitro keine unmittelbare Proteinmehrsynthese vorausging, so daß es sich hier um eine Umstrukturierung vorhandener subzellulärer Elemente handeln mußte. Behandelten wir Ratten einige Tage mit Aktinomycin C vor, so kam es in vitro in den Leberparenchymzellen unter der Einwirkung von 2,4-Dinitrophenol nicht zu einem Anstieg ribosomenbesetzter endoplasmatischer Membranen, sondern zu einem Anstieg glatter, endoplasmatischer Membrankomplexe, wie man sie in vivo unter der Behandlung von Stoffen beobachtet, die die zelluläre Proteinsynthese steigern. Wurden die Versuchstiere dagegen mit Phenobarbital vorbehandelt und unter dieser Vorbehandlung ad libitum gefüttert, so beobachteten wir in den Leberzellen „Glykogenkomplexe", die sich unter einer Inkubation in vitro in Komplexe aus glatten Membranen umwandelten. (Löwe u. a. 1969). Inkubierten wir ein Gewebe, dessen Zytoplasma bereits völlig mit Elementen des endoplasmatischen Retikulums ausgefüllt ist (Gewebeschnitte von Pankreas) unter 2,4-Dinitriphenol und Malonat, so zeigten diese Zellen keinen Hinweis auf Neu- oder Umstruktierungsprozesse im Bereich des endoplasmatischen Retikulums, sondern nur degenerative Veränderungen. Zusammenhängend deuten wir diese Beobachtungen so, daß die Strukturierung des endoplasmatischen Retikulums in der Zelle ein zweistufiger Prozeß ist. Die erste Stufe ist die aktive Neusynthese von Molekülen, die am Aufbau des endoplasmatischen Retikulums beteiligt sind und die zweite Stufe eine Strukturierung dieser Moleküle zu Formeinheiten des endoplasmatischen Retikulums. Erste und zweite Stufe können dabei getrennt sein. Über die Steuerung dieser Prozesse ist bisher wenig bekannt.

David und Uerlings fanden 1967 unter der Einwirkung von erhöhten Temperaturen (37 °C bis 50 °C) eine Vesikulation des endoplasmatischen Retikulums und das Ablösen der Ribosomen von den ribosomenbesetzten Anteilen. Bei Temperaturen zwischen 47 °C und 50 °C kam es außerdem zu osmiophilen Verdichtungen in umschriebenen Membranbereichen, die die Autoren als Schmelzen der Lipide in den Membranen deuteten. Selmann und Jurand beobachteten 1964 nach einer Ultraschallbehandlung von Gewebeanteilen aus *Triturus alpestris* eine vollkommene Zerstörung und vesikuläre Umformung des endoplasmatischen Retikulums in den betroffenen Zellen. Drei Stunden nach der Ultraschallbehandlung sahen sie dann wieder erste, regulär angeordnete Bezirke aus endoplasmatischem Retikulum, die vor allen Dingen in Nähe der äußeren Kernmembran auftraten. 24 Stunden nach Beschallung in vivo war das ursprüngliche Bild wieder hergestellt.

2.3. Das endoplasmatische Retikulum in isolierten Zellfraktionen. Die Mikrosomen

Hogeboom, Schneider und Palade entwickelten 1947 eine Methode, nach der man ein Zellhomogenat in der Ultrazentrifuge in einzelne Fraktionen zerlegen kann. Claude beschrieb dann 1948 erstmalig die Präparationen einer Mikrosomenfraktion: Es werden bei 9000 g Zelltrümmer, Kerne, Mitochondrien, Lysosomen und andere partikuläre Zellelemente abzentrifugiert und aus dem Überstand durch eine weitere Zentrifugation bei 105000 g eine Fraktion gewonnen, die Claude als Mikrosomenfraktion definierte. Borsook und Mitarbeiter fanden 1950, daß die Mikrosomenfraktion markierte Aminosäuren einbaut. In diesen Untersuchungen konnte gezeigt werden, daß die Proteinsynthese der Zelle in der Mikrosomenfraktion abläuft. So wurde der Begriff „Mikrosomen" zunächst als die Bezeichnung für eine Zellfraktion definiert, ohne daß Zusammenhänge zu Strukturen in der intakten Zelle bekannt waren. Slauterback untersuchte 1950 eine Mikrosomenfraktion elektronenmikroskopisch und fand auch prinzipiell alle Elemente, die später beschrieben wurden, jedoch fand er für diese Elemente keine äquivalenten Strukturen in der intakten Zelle. In ihren klassischen Studien beschrieben dann Palade und Siekevitz 1956 erstmalig die Ultrastruktur einer Mikrosomenfraktion aus Leberparenchymzellen und aus exokrinen Pankreaszellen und ordneten darüber hinaus die Formelemente der intakten Zellstruktur zu. Sie beschrieben die Mikrosomen als eine Fraktion, die aus membranösen Vesikeln und den früher beschriebenen Paladegranula (Ribosomen) besteht, wobei sie die Vesikel als Teile des endoplasmatischen Retikulums definierten. Die Schwierigkeit der Identifizierung der Mikrosomenfraktion mit Strukturen der intakten Zelle erscheint verständlich, da im Gegensatz zu allen anderen Zellorganellen die Elemente des endoplasmatischen Retikulums während der Zellhomogenisierung und der folgenden Differentialzentrifugation des Homogenates einen Formwechsel eingehen. Während das endoplasmatische Retikulum in der intakten Zelle in Form von Tubuli, kleinen Vesikeln und kollabierten, in Stapeln gelagerten Riesenvesikeln (Lamellen) vorliegt, trifft man in der Mikrosomenfraktion nur Vesikel von unterschiedlichem Durchmesser an. Durch die Homogenisierung und die anschließenden Differentialzentrifugationen werden die Elemente des endoplasmatischen Retikulums zerstört und reaggregieren in Vesikelform. Dieser Prozeß wird von vielen Autoren als eine mechanische Zerstörung der Elemente des endoplasmatischen Retikulums angesehen und ebenso die anschließende Reaggregation der Bruchstücke als ein passiver Prozeß. Dallner hält diesen Prozeß jedoch für einen aktiven Aufbruch und eine aktive Reaggregation des endoplasmatischen Retikulums, der in Übereinstimmung mit der großen Formvariabilität dieser Substruktur in der lebenden Zelle zu sehen ist.

2.3.1. Die Subfraktionierung von Mikrosomen

Die Mikrosomenfraktion, die sich im einzelnen aus ribosomenbesetzten und glatten Membranvesikeln unterschiedlichen Durchmessers, aus freien Polysomen und Ribosomen und aus amorphem, z. T. aggregiertem Material zusammensetzt, läßt sich durch eine entsprechende Methodik in Subfraktionen teilen. Dabei werden zunächst die beiden Hauptelemente — ribosomenbesetzte Vesikel und glatte Vesikel — getrennt. Der Ursprung der ribosomenbesetzten Vesikel der Mikrosomenfraktion, die dem ribosomenbesetzten endoplasmatischen Retikulum in der Zelle entsprechen, ist klar. Die Zusammensetzung der glatten Vesikel läßt sich

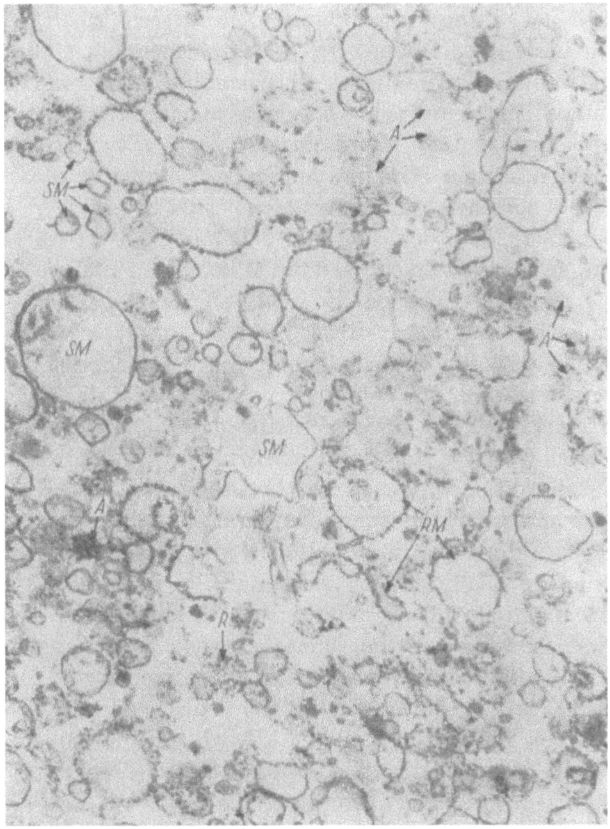

Abbildung 21: Mikrosomenfraktion aus Rattenleber.
A = amorphes Material;
R = freie Ribosomen;
RM = ribosomenbesetzte Membranen; SM = glatte Membranen.
Vergr. 1:30000

nicht so einfach definieren. Hier sind Anteile des glatten endoplasmatischen Retikulums, des Golgi-Apparates und auch der Zytoplasmamembran der Zelle gemischt. Im wesentlichen sind drei Methoden beschrieben, um die einzelnen Elemente der Mikrosomenfraktion isoliert zu präparieren. Die erste Methode gaben Moulè, Rouiller und Chauveau 1957 an. Diese Methode beruht auf einer schrittweisen Differentialzentrifugation des mitochondrienfreien Überstandes in einer 0,88 Mol Rohrzuckerlösung, bei welcher sich zunächst die ribosomenbesetzten Membranen abzentrifugieren lassen und danach aus dem Überstand die glatten Membranen. Diese Methode ist heute nur noch historisch interessant, da es sich hier um die erste Methode handelte, die eine Präparation von mikrosomalen Subfraktionen gestattete. Sie wird heute nicht mehr angewandt, da eine saubere Trennung von ribosomenbesetzten und ribosomenfreien Mikrosomenanteilen so nicht möglich ist. Einen Fortschritt bedeutete die von ROTHSCHILD 1961 angegebene Methode. ROTHSCHILD zentrifugierte den verdünnten 9000 g Überstand durch einen diskontinuierlichen Rohrzuckergradinenten. Die Methode benötigt sehr lange Zentrifugationszeiten. Innerhalb von 8 Stunden Zentrifugation treten ribosomenbesetzte Mikrosomenanteile schneller durch einen 1,31 M Rohrzuckergradienten durch als die ribosomenfreien Mikrosomenanteile. Auch mit dieser Methode ist eine saubere Trennung von ribosomenbesetzten und ribosomenfreien Mikrosomenanteilen nicht möglich. Die glatte Membranfraktion enthält ungefähr 10—15% ribosomenbesetzte Mikrosomenanteile als Beimischung. Die dritte, von dem Arbeitskreis um DALLNER angegebene Methode, wird heute als die Methode der Wahl angesehen und führt zu den besten Ergebnissen. Die Methode von DALLNER beruht auf der Beobachtung, daß monovalente Kationen eine selektive Aggregation von ribosomenbesetzten Mikrosomenanteilen bewirken, was zu einer vier- bis neunfach schnelleren Sedimentation der ribosomenbesetzten Mikrosomenanteile im Vergleich zu den ribosomenfreien, glatten Membranen führt. Durch diese Methode ist eine saubere Trennung ribosomenbesetzter und glatter Mikrosomenanteile möglich. Als entsprechendes Kation wird Cäsium verwendet. Die Methode erfordert relativ kurze Zentrifugationszeiten und hat so einen zusätzlichen Vorteil vor der Methode von ROTHSCHILD. Die reine, ribosomenhaltige Mikrosomenfraktion läßt sich durch eine weitere Zentrifugation durch einen kontinuierlichen Rohrzuckergradienten in Anteile zerlegen, die Vesikel unterschiedlichen Durchmessers enthalten. Dabei steigt der Sedimentationskoeffizient der verschiedenen Subfraktionen von $0{,}42 \cdot 10^3$ S bis $1{,}19 \cdot 10^3$ S. Da die unterschiedlichen Anteile mit einem unterschiedlichen Fermentbesatz versehen sind, scheint diese Subfraktionierung eine gewisse Bedeutung zu haben. Problematischer erscheint die Subfraktionierung der ribosomenfreien Mikrosomenfraktion, da sich diese Fraktion durch eine außerordentliche Instabilität auszeichnet. Bereits die isolierte, glatte Mikrosomenfraktion zeigt eine große Tendenz, in vitro zu aggregieren. Diese Aggregationsneigung läßt sich sehr gut in einem kernfreien Zellhomogenat zeigen, in dem große Komplexe glatter Mikrosomenanteile neben den sonstigen Zellorganellen im Homogenat zu finden sind. Wie DALLNER und Mitarbeiter feststellen konnten, kommt es durch Zusatz von Magnesiumionen zu einer glatten Mikrosomenfraktion, die in einer Rohrzuckerlösung aufgeschwemmt ist, zu einem Aggregieren der größeren glatten Vesikel, so daß diese durch die Aggregation und die Anlagerung von Magnesium eine wesentlich höhere Sedimentationsgeschwindigkeit erhalten. Dadurch ist es möglich, zwei glatte Fraktionen voneinander zu trennen: Die unter Magnesium aggregierende Fraktion und die nichtaggregierende Fraktion, auch als glatte Subfraktion I und II von DALLNER bezeichnet. Wie die gleiche Phospholipidzusammensetzung beider Fraktionen jedoch zeigt, entstammen beide Fraktionen den Elementen des endoplasmatischen Retikulums der intakten Zelle. Eine unterschiedliche Enzymbesetzung beider glatter Subfraktionen deutet auch hier auf eine funktionelle Differenzierung hin.

LEE, SWARTZENDRUBER und SNYDER (1969) beschrieben eine Methode, nach der man mit Hilfe der Zonenzentrifugation polysomenbesetzte endoplasmatische Membranen sehr gut von glatten endoplasmatischen Membranen trennen kann. Diese Methode eignet sich nach Angaben der Autoren vor allem zur Präparation der entsprechenden Membranfraktionen in größerem Ausmaß. SCOTT-BURDEN

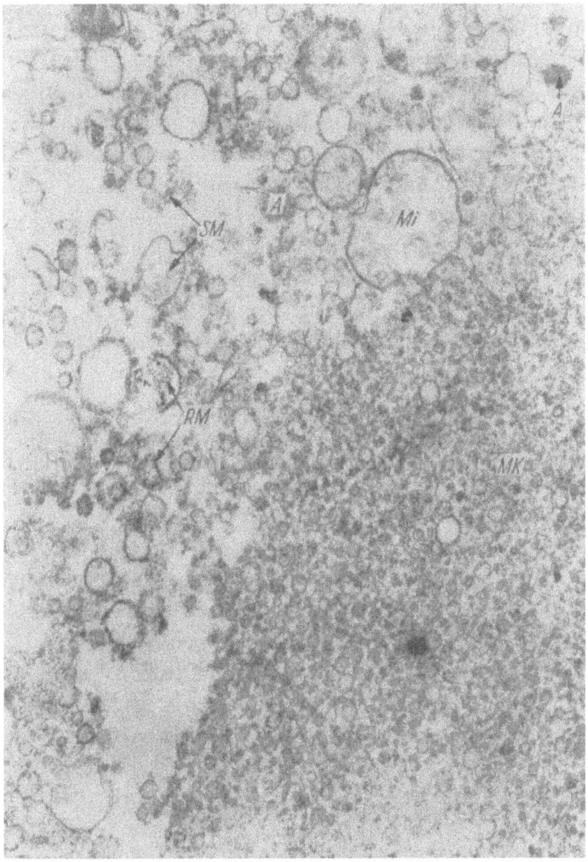

Abbildung 22: Kernfreies Homogenat der Rattenleber. A = amorphes Material; MK = Komplex aus Membranvesikeln der Mikrosomen; Mi = Mitochondrien mit zerstörter Innenstruktur; RM = ribosomenbesetzte Membranvesikel; SM = glatte Membranvesikel. Vergr. 1:17400

und HAWTREY (1969) präparierten die Membrananteile von polysomenbesetzten endoplasmatischen Membranen, indem sie bei 5 °C eine isolierte „rough“-Fraktion mit 2,0 M Lithiumchlorid inkubierten. Unter dieser Inkubation lösen sich die membrangebundenen Polysomen/Ribosomen auf, indem die ribosomale RNS von den ribosomalen Proteinen abgetrennt wird. Nach dieser Methode kann man nach Ansicht der Autoren polysomenfreie endoplasmatische Membranen präparieren.

2.3.2. Die Ultrastruktur von Mikrosomen

Untersucht man ein Zellhomogenat, aus dem Zelltrümmer und Kerne entfernt wurden, elektronenoptisch, so findet man die Organellen der Zelle (Mitochondrien, Lysosomen, Microbodies usw.) in große Vesikelfelder der Mikrosomenfraktion eingebettet. Die Vesikel sind teilweise ribosomenbesetzt, teilweise ribosomenfrei und variieren in ihrem Durchmesser zwischen ca. 0,5—5 μm. Neben den vesikelförmigen Mikrosomenanteilen findet man im kernfreien Homogenat noch tubuläre Fragmente des endoplasmatischen Retikulums. In einer reinen Mikrosomenfraktion, aus der die Mitochondrien und andere Zellorganellen entfernt worden sind, findet man elektronenoptisch ribosomenbesetzte und ribosomenfreie Vesikel neben freien Ribosomen, Polysomen und unstrukturiertem Material, das teilweise aggregiert ist. Nach Dallner ist die erste ribosomenbesetzte Mikrosomenfraktion durch einen größeren Durchmesser der Vesikel gekennzeichnet. Die zweite ribosomenbesetzte Mikrosomenfraktion zeigt Vesikel kleineren Durchmessers und ist in geringem Ausmaß mit glatten Vesikeln verunreinigt. Die erste glatte Mikrosomenfraktion, die in einem Magnesiumgradienten präpariert wird, zeigt ebenfalls Vesikel größeren Durchmessers, während die zweite glatte Mikrosomenfraktion neben Vesikeln mit kleinerem Durchmesser vor allem amorphes Material erkennen läßt.

2.3.3. Experimentelle Änderung der Mikrosomenstruktur

In vivo ist bei Versuchstieren keine wesentliche Änderung der qualitativen Zusammensetzung der Mikrosomenfraktion zu erreichen. Dallner beschrieb lediglich eine Zunahme des intrazisternalen, osmiophilen Materials in Pankreasmikrosomen, wenn die Tiere vorher reichlich gefüttert wurden. Es bestehen auch keine direkten Zusammenhänge zwischen der Ausbildung des endoplasmatischen Retikulums in vivo und den Formbildern der entsprechenden Mikrosomenfraktion nach Homogenisierung und Differentialzentrifugation der untersuchten Gewebe. Dagegen kann man die Form isolierter Mikrosomen durch Einflüsse in vitro verändern. Interessant erscheinen hier die Untersuchungen von Robinson (1965, 1966, 1967, 1964) an isolierten Mikrosomenfraktionen aus Leber und ZNS. Er untersuchte anhand von Trübungsänderungen der Mikrosomenaufschwemmungen Struktur- und Formänderungen der aufgeschwemmten Partikel. Er konnte so zeigen, daß die mikrosomalen Vesikel semipermeable Eigenschaften haben. So fand er bei einem pH von 7,3, daß nur 31% des Wasserraumes, d. h. des gesamten intrazisternalen Raumes der Mikrosomenfraktion, durch Rohrzucker und damit durch freie Permeation zu erreichen ist, während die restlichen 69% durch semipermeable Barrieren umschlossen sind. Bei einem Anstieg des pH von 6,6 auf 8,4 kam es zu einer Zunahme der freien Permeabilität in den intrazisternalen Raum. Parallel dazu nahm die Kationenselektivität ab und die Trübung der Suspension stieg an.

Voth und Schäfer untersuchten Aufschwemmungen von Hirnmitochondrien und großen Mikrosomenvesikeln aus dem gleichen Organ. Eine Suspension dieser Organellen in 20 mM Tris-HCl Puffer (pH 7,6) zeigte unter ATP-Zusatz bis zu einer Konzentration von 0,5—8 mM ATP eine Trübungs- und Extinktionszunahme, die auf eine Kontraktion der Organellen zurückzuführen war. Robinson fand in seinen Untersuchungen, daß der Zusatz von monovalenten und bivalenten Kationen zu einer Mikrosomensuspension zu einer Aggregation der mikrosomalen Elemente und damit zu einer Trübungsabnahme führte. Der Zusatz von SH-Blockern, wie Parachlormercuribenzoat, führte ebenso wie ein Anstieg des pH der Suspension in alkalische Bereiche zu einer Zunahme der freien Permeabilität durch die Vesikelmembran. Eine frisch präparierte Mikrosomenfraktion zeigt mit der Zeit eine Trübungsabnahme, möglicherweise durch Aggregation der mikrosomalen Elemente. Diese Trübungsabnahme kann durch Zusatz von 3 mM ATP verhindert werden; ADP zeigt keinen Effekt. Durch Zusatz von 0,01 mM Parachlormercuribenzoat kommt es zu einem sofortigen Trübungsabfall, der besonders markant ist, wenn ATP und ADP anwesend sind. Unter ADP zeigt sich hier ein wesentlich größerer Trübungsabfall als unter ATP. Gleiches Trübungsverhalten zeigten die Mikrosomenaufschwemmungen unter Zusatz von 3 mM N-Äthylmaleinimid. Wir fanden in hypotonen Suspensionen von glatten Mikrosomenfraktionen aus Rattenleber ähnliche Trübungsänderungen, wie Robinson an Hirnmikrosomen. Mit steigendem pH von 5,8 auf 8,8 nahm die Trübung der Aufschwemmung stetig ab, was wir, wie auch Robinson, auf die Zunahme der freien Permeabilität durch die Vesikelmembran zurückführten. Ebenso zeigte sich eine Trübungsabnahme mit der Zeit. ATP und ADP in kleinen Konzentrationen (1 mM) der Suspension zugefügt, führten zu einer Trübungszunahme. Parachlormercuribenzoat und N-Äthylmaleinimid ließen die Trübung sofort markant absinken, wenn ATP im Medium war.

Neben Untersuchungen des Trübungsverhaltens, die Rückschlüsse auf Form- und Strukturänderungen der mikrosomalen Vesikel erlauben, wurden auch einige elektronenoptische Befunde bekannt.

Präparierten wir eine glatte, isolierte Mikrosomenfraktion aus Rattenleber in Anwesenheit von 5—10 mM ATP in den Präparationsmedien, so zeigte sich im Vergleich zu Kontrollpräparationen eine deutliche Zunahme elektronendichten, unstrukturierten Materials. Läßt man Ribonuklease auf eine Mikrosomenfraktion einwirken, so werden die Ribosomen aufgelöst. Danach sind nur noch glatte, mikrosomale Vesikel und amorphes, unstrukturiertes Material nachweisbar. Läßt man dagegen Desoxycholat oder ein anderes Netzmittel einwirken, so verschwinden alle Membranstrukturen. Die Fraktion setzt sich dann nur noch aus Ribosomen, Polysomen und amorphem Material zusammen. Setzt man einer Mikrosomenfraktion Äthylendiamintetraacetat zu, so lösen sich die Ribosomen/Polysomen teilweise von den mikrosomalen Membranen ab. Ultrabeschallung einer Mikrosomenfraktion führt zu einem Ablösen der Ribosomen von den mikrosomalen Membranen. Die Membranvesikel werden dabei in kleinere Subvesikel und offene Membranfragmente zertrümmert.

2.4. Die Molekularstruktur und Genese des endoplasmatischen Retikulums

In diesem Abschnitt sollen Ergebnisse dargestellt werden, die elektronenmikroskopische, biochemische und biophysikalische Studien in den letzten Jahren erbrachten. Dabei sei von vornherein darauf hingewiesen, daß die Frage der molekularen Strukturierung biologischer Membranen ein bisher zwar viel diskutiertes, aber offenes Problem ist. Wie die folgenden Ausführungen zeigen werden, sind unsere Kenntnisse über die biochemische Zusammensetzung biologischer Membranen schon recht vollständig, wenig wissen wir jedoch darüber, wie sich die einzelnen chemischen Komponenten im Membranverband zueinander ordnen. Die Beantwortung dieser Frage wird dadurch besonders kompliziert, daß sowohl zwischen den einzelnen Membrantypen, wie Zytoplasmamembran, Mitochondrienmembran, mikrosomaler Membran usw., als auch innerhalb eines Membrantyps verschiedene molekulare Strukturierungen möglich zu sein scheinen, die durch den funktionellen Status der Membran bestimmt sein können. Nur eine umfassende Analyse mit verschiedenen Methoden kann so zu einer Modellvorstellung über den molekularen Bau der biologischen Membranen führen, die sich dann im Experiment bestätigen muß.

2.4.1. Die elektronenoptische Substruktur endoplasmatischer Membranen

Die hochauflösende Elektronenmikroskopie bemühte sich in den letzten Jahren, mit den verschiedensten Präparationsmethoden (Positivkontrastierung, Negativkontrastierung, Gefrierätztechnik usw.) Einblick in die Struktur von Makromolekülkomplexen zu erhalten. Das führt allerdings zu den Grenzen der Elektronenmikroskopie. Diese Methode ist darauf angewiesen, letztlich Studien an denaturiertem („fixiertem") biologischem Material zu betreiben. Die eigentlichen Erkenntnisse ergeben sich dabei aus dem unterschiedlichen Verhalten verschiedener biologischer Systeme (Zellen, Zellorganellen oder auch Teilen von Zellorganellen) im Prozeß der Fixierung. Auch für die Gefrierätztechnik bestehen diese grundsätzlichen Probleme, denn sehr niedrige Temperaturen sind auch ein denaturierender Einfluß, wenn möglicherweise auch ein sehr schonender. Bei der hochauflösenden Elektronenmikroskopie, die sich zum Ziel gesetzt hat, molekulare Strukturen direkt sichtbar zu machen, wird so das Problem besonders aktuell, Denaturierungsartefakte, die durch die Fixierung gesetzt werden, von natürlichen Strukturen zu unterscheiden. So kann man bei der Anwendung *einer* elektronenmikroskopischen Methodik (z. B. Positivkontrastierung oder auch Negativkontrastierung) in diesen Dimensionen keine sichere Aussage mehr treffen. Zu diskutablen Ergebnissen kommt man nur, wenn gleiche oder ähnliche Formbilder bei Anwendung verschiedener Methoden zu finden sind.
Unter der üblichen Positivkontrastierung mit Osmiumtetroxyd und einer darauf folgenden Einbettung und Schnittpräparation findet man die Membranen des endoplasmatischen Retikulums in der üblichen Tripelstruktur: Zwei äußere,

osmiophile Lamellen schließen eine innere, osmiophobe Schicht ein. Die so dargestellte Membran zeigt insgesamt einen Durchmesser von ca. 60 Å. Verwendet man als Fixierungsmittel Kaliumpermanganat, so stellt sich die endoplasmatische Membran mit 70—80 Å Durchmesser etwas dicker dar. Die beschriebene Tripelstrukturierung findet man ebenso in anderen biologischen Membranen, wenn man

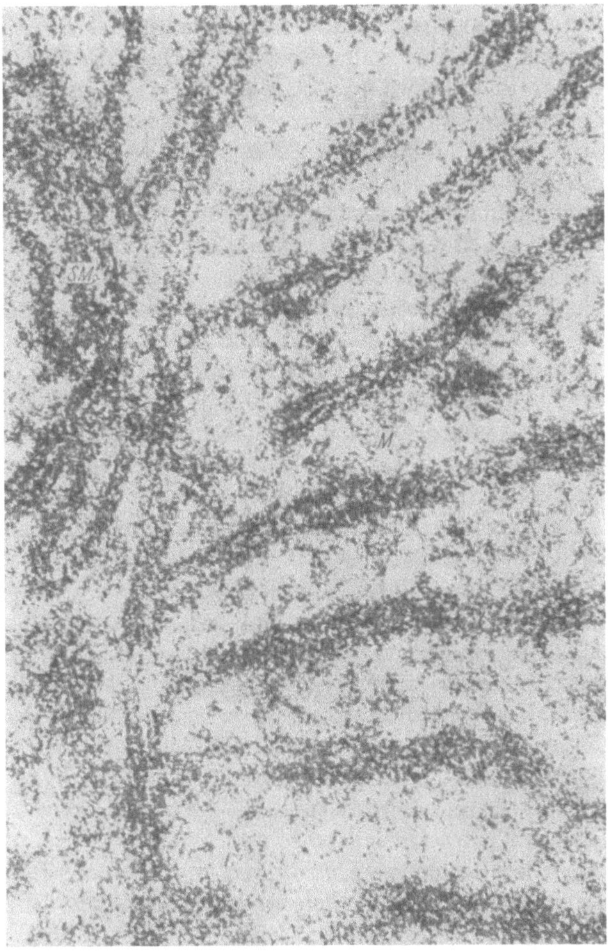

Abbildung 23: Anschnitt eines Mitochondriums (M) und glatter endoplasmatischer Membranen (SM) in einer Nierentubuluszelle (nach SJÖSTRAND). Die Membranen scheinen durch Globuli zusammengesetzt, die innen osmiophob, außen osmiophil sind.
Vergr. 1 : 276000

eine Positivkontrastierung mit anschließender Schnittpräparation durchführt. SJÖSTRAND fand 1963 nach einer Osmiumtetroxyd-Kontrastierung, Einbettung und Schnittpräparation in den Tubuluszellen von Rattennieren eine globuläre Substrukturierung sowohl mitochondrialer als auch endoplasmatischer Membranen. Dabei wird die tripelstrukturierte Membran in Abschnitten von 50—60 Å von osmiophilen Septen durchbrochen, die einen ungefähren Durchmesser von 10 Å haben. Die Membranen scheinen so aus globulären Partikeln zusammengesetzt, deren Randpartien osmiophil und deren zentrale Anteile osmiophob sind. Diese Partikel haben einen Durchmesser von 50—60 Å. Diese globuläre Substrukturierung konnte von SJÖSTRAND dann auch mit anderen elektronenoptischen Methoden bestätigt werden (SJÖSTRAND 1968). Auf Grund dieser Beobachtung schlug SJÖSTRAND ein Membranmodell vor.

CUNNINGHAM und Mitarbeiter (1965) sowie PREZBINDOWSKY und Mitarbeiter (1968) untersuchten isolierte mikrosomale Fraktionen in der Negativkonstrastierung mit Phosphorwolframsäure. Bei dieser Methode durchdringt die kontrastgebende Phosphorwolframsäure einen Teil der Präparation und nur solche Strukturen werden ausgespart, in die die Phosphorwolframsäure nicht einzudringen vermag. Die mikrosomalen Membranen zeigen bei Anwendung dieser Methode einen Besatz aus regelmäßig geordneten, globulären Oberflächenpartikeln, wie er bereits an inneren, mitochondrialen Membranen als Elementarpartikel beschrieben worden ist. IKEMOTO und Mitarbeiter fanden die globulären Partikel auch an negativkontrastierten sarkoplasmatischen Membranen, die sie aus Skelettmuskeln der Maus präparierten (IKEMOTO et al. 1968). Nach Trypsineinwirkung verschwinden diese Globuli, und die Membran zeigt eine glatte Oberfläche. Sicherlich kann man darüber diskutieren, ob diese regelmäßig angeordneten Partikel, die einen Durchmesser von 30—50 Å haben, echten Strukturen in vivo entsprechen. Hier gibt es einige kritische Stimmen, die sowohl die Elementarpartikel der Mitochondrien als auch die hier beschriebenen Oberflächenpartikel der Mikrosomen als Artefakte ansehen. Jedoch müßte man auch einer so regelmäßigen Artefaktbildung eine periodische Molekülstruktur zuordnen.

Das Innere der endoplasmatischen Zisternen in vivo als auch der mikrosomalen Vesikel in vitro stellt sich sowohl in der Positivkontrastierung mit Osmiumtetroxyd als auch bei Anwendung der Negativkonstrastierung mit Phosphorwolframsäure unkontrastiert dar, so daß man hier keine „Strukturen" annehmen kann. CZILLIK und Mitarbeiter (1968) fanden dagegen in Nervenzellen eines Halsganglions der Katze, daß Acetylcholinesterase in den Zisternen des endoplasmatischen Retikulums in bestimmten periodischen Strukturen, die gleichmäßige Bereiche von 200—300 μm aussparen, angeordnet ist. Die Autoren schlossen in diesem Falle auf eine Durchstrukturierung des intrazisternalen Raumes, der nur von den üblichen Kontrastierungsmitteln nicht erreicht wird. Für die ausgesparten intrazisternalen Regionen schlugen CZILLIK und Mitarbeiter den Begriff „Endoplasmic Units" vor. Auf osmiophiles, amorphes Material, das man teilweise in den endoplasmatischen Zisternen bei Zellen mit einer Proteinsekretion ins extrazelluläre Milieu findet, wurde bereits in früheren Abschnitten hingewiesen. Dieses amorphe Material wird z. B. in exokrinen Pankreaszellen zu Zytosomen formiert und so sezerniert.

2.4.2. Die Genese des endoplasmatischen Retikulums

Die Genese subzellulärer Organellen ist ein hochaktuelles und viel diskutiertes Problem der modernen Biologie. Leider gibt es gerade zu diesem Problem sehr wenig gesicherte Kenntnisse. Dabei wäre es von genereller Bedeutung, könnte man sichere Aussagen darüber machen, wie sich die lebende Materie in Abhängigkeit von der Funktion zu höheren Strukturen formiert. Generell steht am Anfang jeder Neubildung von Zellorganellen die aktive und energieabhängige Synthese der Bausteine der zu bildenen Strukturen. Bei einer Höherstrukturierung und komplexen Zusammenlagerung so entstandener Bausteine muß dann geklärt werden, ob die höhere Struktur ausschließlich in der Primärstruktur der aufbauenden Moleküle codiert ist oder ob zusätzlich das umgebende Milieu einen Einfluß auf die Bildung der Makromolekülkomplexe hat. Von Proteinmolekülen wissen wir, daß mit der Primärstruktur, d. h. mit der Aminosäuresequenz, bereits die Sekundär-, Tertiär- und auch Quartärstruktur wesentlich bestimmt ist. Dabei ist nur die primäre Synthese des Proteinmoleküls energieabhängig, nicht jedoch die Höherstrukturierung des neusynthetisierten Moleküls. Die synthetisierte Primärstruktur nimmt spontan ihre Sekundär- und Tertiärstruktur ein. Auch die Quartärstrukturierung von Proteinmolekülen, die bereits durch die Bildung multimolekularer Komplexe charakterisiert ist, ist abhängig von der Primärstruktur der reagierenden Moleküle, aber auch von dem umgebenden Milieu mit seinen allosterischen Effektoren. Es taucht hier die Frage auf, ob diese grundsätzlichen Vorgänge auch für die Bildung höhermolekularer Komplexe gelten, wie sie die Zellorganellen, die Zelle in toto und darüber hinaus höhere Strukturen des Organismus darstellen. Man kann annehmen, daß grundlegende Prinzipien des molekularen Bereiches auch hier gelten und daß lediglich auf höheren Stufen der Formbildung zusätzliche Faktoren eine Rolle spielen. Dies gilt auch für die Genese des endoplasmatischen Retikulums in der Zelle. Prinzipiell bestehen hierzu zwei grundlegende Auffassungen. Zunächst einmal nahm man an, daß das endoplasmatische Retikulum durch ein direktes Auswachsen vorliegender membranöser Strukturen in der Zelle gebildet wird. Dieser Auffassung neigten besonders elektronenmikroskopisch arbeitende Autoren zu. Das Grundkonzept von Palade (1955) zur Genese des endoplasmatischen Retikulums war eine Einstülpung der Zytoplasmamembran in die Zelle. Nach diesem Konzept wäre der intrazisternale Raum im endoplasmatischen Retikulum als extrazellulär anzusehen. Die Zelle wird von einem direkt mit der Außenwelt kommunizierenden Kanalsystem durchzogen, in dem nach Palade u. a. der intrazelluläre Stofftransport erfolgt. Im Extrem führte diese Interpretation dazu, daß alle intrazellulären, membranösen Organellen letzten Endes aus Einstülpungen der Zytoplasmamembran entstanden sind. Diese Auffassung kann heute als überholt gelten. In der quergestreiften Muskelzelle findet man neben dem endoplasmatischen Retikulum, das hier als longitudinales Tubulussystem ausgebildet ist (L-Tubuli), eine intensive Einstülpung der sarkoplasmatischen Membran. Die eingestülpte sarkoplasmatische Membran bildet dabei ein zusätzliches Tubulussystem in der Zelle, das alle kontraktilen Elemente umspinnt und als transversales Tubulussystem (T-Tubuli) beschrieben ist. Transversale und longitudinale Tubuli zeigen dabei keine nachweisbaren Kommunikationen. Diese Beobachtung spricht gegen die Annahme von Palade, daß das endoplasmatische Retikulum als Einstülpung der Zytoplasmamembran anzusehen ist. Wenn man die Literatur der vergangenen Jahre überblickt, so findet man, daß es kaum eine membranöse Zellorganelle gibt, die nicht in direkten Zusammenhang mit der Neubildung des endoplasmatischen Retikulums in der Zelle gebracht wurde. Dies gilt neben der Zytoplasmamembran vor allem für die Kernmembran, für die Mitochondrien, den Golgiapparat und letztlich auch für das endoplasmatische Retikulum selbst. Auch in der neueren Literatur findet man diese Auffassung z. T. noch vertreten. So beschrieb PANNESE (1968) in sich entwickelnden Nervenzellen des Spinalganglions vom Haushuhn, daß das endoplasmatische Retikulum zunächst in Kernnähe zunimmt. Der Autor schloß aus dieser Beobachtung, daß das endoplasmatische Retikulum durch Auswachsen der Kernmembran gebildet wird. PROCICCHIANI und Mitarbeiter beschrieben ebenfalls 1968 eine kernnahe Zunahme von endoplasmatischen Membranen in Lymphozyten, die mit Phythämagglutininen inkubiert wurden. Diese endoplasmatischen Membrankomplexe zeigten direkten Kontakt mit annulären Membranen in Kernnähe. Auch diese Autoren diskutieren die Genese des endoplasmatischen Retikulums über eine Ausstülpung der Kernmembran. Wie bereits früher beschrieben wurde, bleiben bei der Zellteilung in der Nähe der Kernspindel, auf beide Tochterzellen gleichmäßig verteilt einzelne, wenige endoplasmatische Vesikel erhalten. Nach abgeschlossener Zellteilung vermehren sich diese Vesikel in den Tochterzellen und bilden das endoplasmatische System der Zelle wieder vollständig aus. Auch diese Erscheinung wird allgemein so diskutiert, daß die Neubildung des endoplasmatischen Retikulums über ein Auswachsen dieser sistierenden Vesikel erfolgt. Diese Beobachtung scheint die Annahme zu unterstützen, daß das endoplasmatische Retikulum durch ein Auswachsen membranöser Elemente gebildet wird. Die Alternative zu der Vorstellung, daß Membranen in der Zelle nur durch Auswachsen vorhandener Membranen gebildet werden können, wäre die Bildung von Membranen in einem Mehrschrittprozeß. Charakteristisch ist hier die Vorstellung, daß die aktive Synthese von Membranbausteinen nicht unmittelbar mit der Neubildung von Membranen in der Zelle zusammenzuhängen braucht, sondern daß zwischen diese beiden Prozesse ein „Pool" an Membranbausteinen geschaltet ist, aus dem in Abhängigkeit von funktionellen Anforderungen die unmittelbare Strukturierung von Membranen erfolgen kann. Diese Vorstellung schließt die Möglichkeit ein, daß die unmittelbare Membranstrukturierung aus dem vorliegenden „Pool" der Membranbausteine durch das umgebende Milieu gesteuert werden kann. Für die Gültigkeit dieser Alternativvorstellung gibt es in den letzten Jahren zunehmend Hinweise. ORRENIUS und Mitarbeiter sahen 1965 nach einer phenobarbitalinduzierten Synthese mikrosomaler, drogenabbauender Enzymsysteme, die mit einem Anstieg der glatten endoplasmatischen Membranen in der Leberparenchymzelle einhergeht, daß es zunächst zu einem vermehrten Einbau anorganischen Phosphats in Lipide kommt und daß die Proteinsynthese unabhängig davon erst später einen Anstieg zeigt. Aktinomycin D und Puromycin konnten in diesem Prozeß die Proteinsynthese und damit die Synthese spezifischer, abbauender Enzyme hemmen, wenig jedoch den Einbau des anorganischen Phosphates in vermehrt synthetisierte Lipide. Auch fanden die Autoren Hinweise dafür, daß nach Aktinomycin-D-Gabe zwar die Bildung der

induzierten Fermentproteine verhindert wird, nicht jedoch das Entstehen glatter endoplasmatischer Membranen. Diese Studien zeigten einmal, daß die Synthese einzelner Bausteine endoplasmatischer Membranen (Phospholipide und Proteine) unterschiedlich schnell voneinander abläuft; die Bausteine sich also in der Zelle zunächst in unterschiedlicher Menge anhäufen müssen, ehe sie zur fertigen Membran strukturiert werden. Zum anderen zeigten sie aber auch, daß die unmittelbare Bildung von endoplasmatischen Membranen nicht an eine Neusynthese der Membranproteine gebunden ist, die grundsätzlich über eine Hemmung der RNS-Synthese durch Actinomycin zu blockieren ist. Allerdings ist bisher nicht auszuschließen, daß in der Leberparenchymzelle eine stabile m-RNS vorliegt, deren Halblebenszeit dann mehrere Tage betragen müßte. So berichtete PITOT, daß sowohl in der bakteriellen, als auch in der Metazoenzelle funktionell stabile m-RNS-Template im Zytoplasma anzunehmen sind, wie aus zahlreichen Studien hervorgeht.
Wenn man diese Befunde erklären will, muß man einen Pool an Membranbausteinen in der Zelle annehmen, der einmal durch eine aktive Neusynthese dieser Bausteine aufgefüllt wird, aus dem zum anderen aber unmittelbar eine Strukturierung von Membranen des endoplasmatischen Retikulums möglich ist. Wir sahen eine Neubildung ribosomenbesetzter endoplasmatischer Membranen in Leberparenchymzellen von Rattenleberschnitten, die unter der Einwirkung von Entkopplern der oxydativen Phosphorylierung, wie 2,4-Dinitrophenol, in vitro inkubiert wurden (LÖWE und JUNG 1965). Unter den gewählten Bedingungen war eine aktive Neusynthese von Membranbausteinen, die energieabhängig ist, weitgehend ausgeschlossen. Die beobachtete Neubildung von ribosomenbesetzten Membranen konnte also nur durch eine Umstrukturierung in der Zelle oder durch eine energieunabhängige Neustrukturierung aus vorhandenen Membranbausteinen erfolgt sein. Diese Annahme konnten wir in analytischen Studien direkt belegen (LÖWE und JUNG 1967). POLLAK fand 1966 in embryonalen Hühnerlebern den ersten Hinweis auf vorhandene Membranbausteine in den Parenchymzellen. Er sah in einem bestimmten Stadium der embryonalen Entwicklung das vermehrte Auftreten elektronendichter, osmiophiler Partikel in den Leberparenchymzellen der Hühnerembryonen, die, wie analytische Studien zeigten, aus Lipiden und Proteinen bestanden. Bei der weiteren Entwicklung der Embryonen kam es zu einer Ausdifferenzierung des endoplasmatischen Retikulums in den Leberparenchymzellen, wobei die vorher beobachteten elektronendichten Partikel verschwanden. POLLAK nannte diese Partikel Retikulosomen und sah in ihnen Agglomerate von Membranbausteinen, aus denen in der späteren Entwicklung das endoplasmatische Retikulum der Leberparenchymzelle aufgebaut wird. Er konnte diese Partikel auch isolieren und die Protein- und Lipidkomponente voneinander trennen. Gab er beide Komponenten in vitro wieder zusammen, so sah er die Bildung membranöser Strukturen. Die Zugabe anderer Proteine, wie z. B. ribosomaler Proteine, zu den isolierten Retikulosomenlipiden, führte in keinem Falle zur Bildung ähnlicher Membranstrukturen. Diese Beobachtung unterstützte die Annahme, daß hier echte Membranbausteine vorlagen. CASLEY-SMITH und

Savanat beobachteten an Amöben, denen sie Mikroorganismen oder kleine unbelebte Partikel injizierten, daß sich um diese Gebilde sofort im Zytoplasma eine Membran formierte. Sie schlossen daraus, daß Membranbausteine im Zytoplasma der Amöbe vorhanden sein müssen, die sich sofort auf den Fremdkörperreiz hin zur schützenden Membranhülle formieren können. Die Autoren sahen hierin einen Beleg für die Annahme Pollaks, daß bei der Membranbildung Retikulosomen als Membranbausteine eine Rolle spielen müssen. Auch wir konnten durch unsere weiteren Studien (Löwe und Mitarbeiter 1968, 1969) die Retikulosomenhypothese weitgehend unterstützen. Wir behandelten Ratten mit Aktinomycin C vor und gewannen von den Lebern so vorbehandelter Ratten Gewebeschnitte, die wir in vitro wiederum unter dem Einfluß entkoppelnder Substanzen inkubierten. Wir sahen im Gegensatz zu den vorangegangenen Ergebnissen (Entstehung von ribosomenbesetzten Membranen) unter diesen Bedingungen das massive Auftreten von glatten endoplasmatischen Membranen im Zytoplasma der Leberparenchymzellen. Es erwies sich als unmöglich, durch eine 3tägige Vorbehandlung mit einem Hemmstoff der Proteinsynthese und der unmittelbaren Einwirkung einer entkoppelnden Substanz, die die Energiebereitstellung in der Zelle weitgehend ausschloß, die Neubildung von Membranen zu blockieren. Dieses Ergebnis werteten wir als einen weiteren wichtigen Hinweis darauf, daß die Genese endoplasmatischer Membranen nicht von einer unmittelbaren energieabhängigen Synthese der Membranbausteine abhängig ist. In letzten Untersuchungen fanden wir dann direkt auch Membranbausteine in Leberparenchymzellen von Ratten, die mehrere Tage mit Phenobarbital vorbehandelt waren. Unter der Phenobarbitalvorbehandlung bildeten sich im Zytoplasma der Leberparenchymzellen große, glykogenähnliche Komplexe aus, wenn die Ratten in der Vorbehandlungsperiode ad libitum gefüttert wurden. Gewannen wir aus solchen Lebern Schnitte, die wir unter weitgehend physiologischen Bedingungen in vitro inkubierten, so traten an die Stelle der vorher beobachteten „Glykogenkomplexe" große Areale glattbegrenzter, endoplasmatischer Membranen, wie sie direkt in den Leberparenchymzellen von phenobarbitalbehandelten Tieren zu beobachten sind, die während der Vorbehandlungsphase ohne Nahrungszufuhr gelassen werden. Wie in den vorangegangenen Abschnitten bereits beschrieben wurde, ist ein unmittelbarer Zusammenhang zwischen Glykogenkomplexen in Zellen und der Bildung von endoplasmatischen Membranen von anderen Autoren mehrfach beschrieben worden. Auf Grund dieser Beobachtungen diskutierten wir das Vorliegen von Membranbausteinen in Glykogenfeldern, die möglicherweise durch das Glykogen in unstrukturierter Form gehalten werden und sich nach einer Glykogenolyse zu endoplasmatischen Membranen zusammenlagern. Auch Girbardt (1966) diskutiert an Hand seiner Beobachtungen zur Genese des endoplasmatischen Retikulums im *Polystigtus versicolor*, daß der unmittelbaren Bildung von Membranen eine aktive Synthese von Phospholipiden und Proteinen vorausgeht, die sich erst in einem sekundären, möglicherweise energieunabhängigen Schritt zur Membran formieren, wenn die kritische Mizellenkonzentration überschritten wird, d. h. er diskutiert prinzipiell die Möglichkeit, daß „freie" Membranbausteine im Zytoplasma der Zelle vorliegen. An Hand aller dieser Ergebnisse nimmt die Vorstellung über eine Mehrstufenbildung endoplasmatischer Membranen konkrete Formen an und wird grundsätzlich wahrscheinlicher als die direkte Bildung endoplasmatischer Membranen über ein Auswachsen vorhandener Membranstrukturen. Ein wesentliches Argument für eine Mehrschrittgenese endoplasmatischer Membranen sind dabei sowohl morphologische als auch biochemische und biophysikalische Beobachtungen.

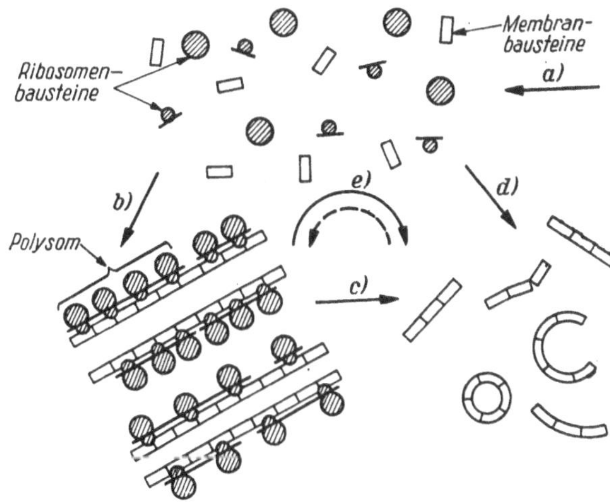

Abbildung 24: Schema zur Genese endoplasmatischer Membranen in der Zelle (nach Löwe). Erläuterungen siehe im Text

Auch Dallner, Siekevitz und Palade unterstützen nach ihren neueren Studien eine Mehrschrittgenese endoplasmatischer Membranen. In Auswertung aller Befunde kann man die Genese endoplasmatischer Membranen schematisch so darstellen, wie wir es in der Abbildung 24 skizziert haben. Die einzelnen Bildungsschritte sind darin folgendermaßen bezeichnet: Schritt a: Es kommt zu einer aktiven Neusynthese von Membranbausteinen und Ribosomen bzw. Ribosomenbausteinen, die einen „Pool" im Zytoplasma der Zelle bilden. Schritt b: Aus dem vorliegenden Pool an Bausteinen können sich ribosomenbesetzte zytoplasmatische Membranen strukturieren. Diese Strukturierung wird dabei höchstwahrscheinlich durch das umgebende Milieu gesteuert. Schritt c: Es kommt zum Verlust der Ribosomen unter Bildung von glatten Membranen, was einmal degenerativ möglich ist, z. B. wie nach zelltoxischen Einflüssen, oder auch regenerativ, wie z. B. nach einer Enzyminduktion. Dabei erfolgt zunächst die Synthese spezifischer Enzymproteine an ribosomenbesetzten Membranen. Nach erfolgter Synthese werden die Ribosomen abgelöst, während die neusynthetisierten Enzymproteine an den vorliegenden glatten Membranen zur Wirkung gelangen. Zu diskutieren ist dann ein weiterer Schritt d: Hier erfolgt eine direkte Bildung von glatten Membranen aus Untereinheiten (Retikulosomen), wie wir das in vitro beobachten konnten und wie sie auch Pollak am isolierten System zeigen konnte. Ob eine direkte Bildung glatter Membranen in vivo eine Rolle spielt, ist nicht sicher zu sagen. Schritt e: Es wäre weiter eine Umwandlung von ribosomenbesetzten in glatte Membranen über die Stufe der Membranuntereinheiten zu diskutieren. Diese Reaktion ist bisher unbewiesen. Da es jedoch schwer vorstellbar ist, wie sich die dreidimensionale Form der rauhen Membranen in die der glatten Membranen umwandeln soll, muß man diese Möglichkeit in Betracht ziehen. In gleicher Weise kann auch eine Rückstrukturierung von glatten in rauhe Membranen diskutiert werden, indem Ribosomen/Polysomen angelagert werden.

2.4.3. Die Molekularstruktur des endoplasmatischen Retikulums

Es wurde bereits im vorangehenden Abschnitt darauf hingewiesen, daß es nur sehr wenig gesicherte Kenntnisse gibt, die es ermöglichen, die molekulare Strukturierung der endoplasmatischen Membranen zu definieren. Seit den ersten Studien von Langmuir und Harkins (1917) haben sich jedoch sehr viele Befunde der physikalischen Chemie, im speziellen der Kristallographie und der Röntgenstrukturanalyse, der Biochemie und der Ultrastrukturforschung angesammelt, die belegen, daß biologische Membranen universelle Strukturelemente der lebenden Materie sind, die auch in ihrer Molekülstruktur Gemeinsamkeiten haben. Es scheint daher möglich, Erkenntnisse, die man an speziellen Membranen oder auch an unbelebten Modellsystemen gewonnen hat, zu verallgemeinern und sie im Zusammenhang zu diskutieren, ohne daß man das Spezifische eines bestimmten Membrantyps, wie sie z. B. die endoplasmatischen Membranen darstellen, vernachlässigt. In diesem Abschnitt soll dem Leser daher zunächst ein Überblick über das gesamte Problem vermittelt werden und erst danach auf Eigenheiten des endoplasmatischen Retikulums eingegangen werden, wie sie z. B. die Bindung von Ribosomen oder Polysomen an die Membranstrukturen darstellen.

Wie bereits beschrieben und wie in den folgenden Abschnitten des funktionellen Teiles noch näher erläutert werden wird, ist die Analyse der chemischen Bestandteile biologischer Membranen bereits recht weit vorangetrieben. Generell setzen sich alle biologischen Membranen aus Proteinen, Lipiden und fakultativ aus Glykoproteiden zusammen. Die Proteine bestehen aus Funktionsproteinen, d. h. Enzymen und Strukturproteinen. Dabei variieren Menge und Eigenschaften der Proteine zwischen den einzelnen Membrantypen sehr stark. Die Lipide der biologischen Membranen setzen sich hauptsächlich aus Phospholipiden und Cholesterin neben anderen Spurenlipiden, wie freien Triglyceriden, zusammen. Auch hier zeigt sich eine große Varianz zwischen den verschiedenen Membrantypen sowohl was die Relation Protein/Phospholipid als auch die Relation Phospholipid/Cholesterin angeht. Auch die Zusammensetzung der Phospholipide ist Schwankungen unterworfen, wobei die Fettsäureketten stark variieren können. Zusätzlich zu diesen beiden Hauptbausteinen — Proteine und Lipide — sind in den meisten Membranen Glykoproteide nachzuweisen, die u. a. Neuraminsäure als einen Hauptbestandteil enthalten. Eine Diskussion darüber, ob die Glykoproteide, die den einzelnen Membrantypen ganz spezielle Eigenschaften verleihen, zur eigentlichen Membranstruktur hinzuzurechnen sind, oder ob sie als eine zusätzlich an die Membranstruktur adsorbierte Komponente anzusehen sind, sind noch nicht abgeschlossen. Einzelheiten der speziellen Bausteinanalyse des endoplasmatischen Retikulums sind im nächsten Kapitel zu finden.

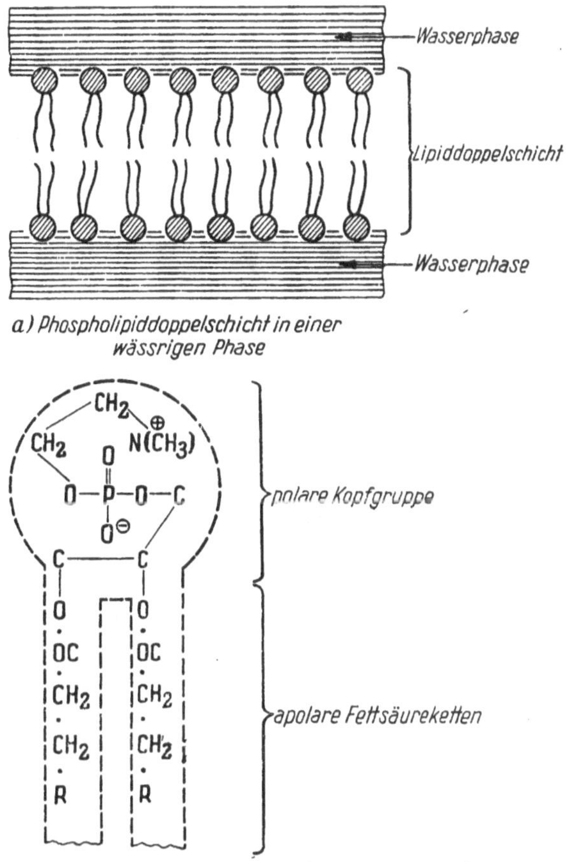

a) Phospholipiddoppelschicht in einer wässrigen Phase

Abbildung 25 b) Lezithinmolekül (R = Fettsäurerest)

Nachdem bereits Ende des 19. Jahrhunderts von Overton die Vermutung ausgesprochen wurde, daß Lipide in biologischen Membranen eine wesentliche Rolle spielen, da lipidlösliche Stoffe die Membranbarriere leicht überwinden können, untersuchten Langmuir und Harkins 1917 die Anordnung verschiedener Substanzen in Monoschichten an Wasser-Luft-Grenzflächen. Die Autoren fanden dabei, daß sich Moleküle mit polaren und apolaren Regionen parakristallin so anordnen, daß ihre hydrophilen Regionen in die Wasserphase und ihre hydrophoben Regionen zur Luftphase gerichtet sind. In Studien an Seifenblasen und

Fettsäuren erkannten dann PERRIN sowie BRAGG und BRAGG (1918, 1924), daß in mehrschichtigen Molekülagen sich jeweils hydrophile und hydrophobe Regionen gegenüberliegen. Eine Doppelmoleküllage von Fettsäuren wäre so angeordnet, daß in einem wäßrigen Milieu die Karboxylgruppen nach außen und die Kohlenwasserstoffketten nach innen in die Molekülschicht hinein gerichtet sind. GORTER und GRENDEL untersuchten dann 1925 die Relation zwischen Erythrozytenoberfläche und Lipidgehalt der Erythrozyten und stellten fest, daß alle Lipide in der Zytoplasmamembran lokalisiert sind und sie gerade ausreichen, um den Erythrozyten mit einer doppelten Moleküllage zu bedecken. Sie schlossen daraus, daß die Zytoplasmamembran der Erythrozyten aus einer doppelten Lipidschicht besteht, wobei die Moleküle so angeordnet sind, daß die polaren Gruppen in die angrenzenden Phasen gerichtet sind. Dieser Befund stellte eine wichtige Erkenntnis dar. Wie jedoch spätere Nachuntersuchungen zeigten, waren einige Fakten der Untersuchungen von GORTER und GRENDEL im Lichte neuerer Technik revisionsbedürftig. So waren die Autoren einmal von einer Erythrozytenoberfläche von 100 μm^2 ausgegangen, die später mit 145 μm^2 bestimmt wurde. Dann waren sie von der Annahme ausgegangen, daß die Membranlipide mit Azeton 100% zu extrahieren sind; wie spätere Untersuchungen zeigten, können diese jedoch nur zu ca. 70—80% daraus entfernt werden. Letztlich bestimmten sie die Oberfläche der monomolekularen Schicht der extrahierten Lipide im Langmuirschen Trog, wobei sie den Tangentialdruck des Filmes unbeachtet ließen. Unter Ausschluß dieser Fehlerquellen bestimmten BAR und Mitarbeiter (1966) die Relation zwischen Lipidgehalt und Erythrozytenoberfläche auf 1,4/1.
Das Resultat der genannten Untersuchungen führte Anfang der dreißiger Jahre zu der allgemeinen Vorstellung, daß die Zytoplasmamembran durch eine bimolekulare Lipidschicht gebildet wird, wie sie in der Abbildung 26 skizziert ist. Im Arbeitskreis um HARVEY und DANIELLI wurden dann vergleichend Messungen von Oberflächenspannungen an reinen Lipidtropfen und biologischen Membranen durchgeführt, wobei zunächst festgestellt wurde, daß die Oberflächenspannungen an reinen Lipiden mit über 5 dyn/cm diejenigen von biologischen Membranen, die um 0,2 dyn/cm lagen, um das Mehrfache übertrafen. DANIELLI schloß aus dieser Beobachtung, daß in biologischen Membranen Moleküle mit Netzmittelcharakter vorhanden sein müssen. Auf Grund dieser Überlegungen entwickelte er dann zusammen mit DAVSON sein klassisches Membranmodell, das letzten Endes in den folgenden dreißig Jahren Grundlage jeder Überlegung zur Membranstruktur war.
In diesem Modell ist der bimolekularen Lipidschicht beidseitig eine Lage globulär strukturierter Proteine aufgelagert, die über elektrostatische Bindungen an die polare Kopfgruppe der Phospholipide gebunden sind. Die Proteine sind dabei von einem Hydratationsmantel umgeben, der je nach Ladung des Moleküls variabel ist und Ort für Penetrationsvorgänge sein kann. Dieses Modell stimmte auch mit Ergebnissen überein, die SCHMITT, BEAR und CLARK mit Hilfe der Röntgenstrukturanalyse an Myelinschichten gefunden hatten. Hier zeigte sich nämlich radial eine regelmäßige Frequenz von 171 Å, während tangential nur

eine angedeutete Frequenz von 4,7 Å zu erkennen war. Das entsprach prinzipiell dem Daniellischen Modell. In eingehenderen Untersuchungen stellten die Autoren dann auch fest, daß sich jeweils zwischen den beiden polaren Schichtseiten aneinandergrenzender Myelinschichten ein Wasserfilm befindet, der je nach Hydrationsgrad variabel ist und daß die polaren Schichtseiten noch von einem Proteinfilm überzogen sind (Neurokeratinogene Proteine). Mit dem Beginn der

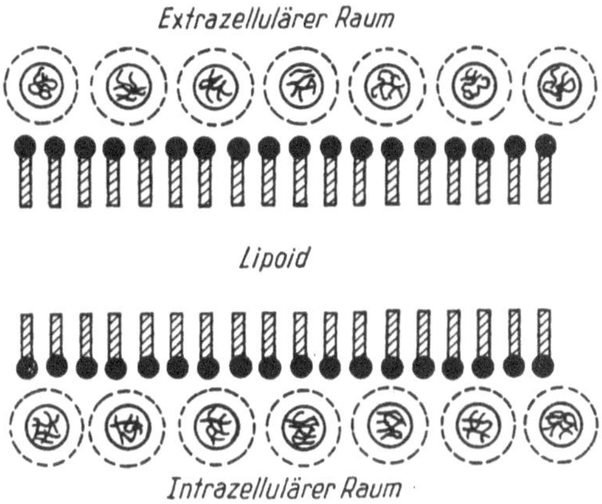

Abbildung 26: Membranmodell nach Danielli und Davson

Elektronenmikroskopie um 1950 war es dann vor allem Fernandez-Moran und Sjöstrand möglich, die Myelinschichtungen auch direkt sichtbar zu machen, wobei in der Folgezeit besonders die Arbeiten von Fernandez-Moran und Finean bestachen, die in Parallele elektronenoptische und röntgenstrukturanalytische Untersuchungen an Myelinschichten durchführten und zu prinzipiell gleichen Aussagen kamen. Robertson wies sodann 1957 an $KMnO_4$-fixierten Froschnerven nach, daß die Zytoplasmamembran des Axons und der Schwannschen Zellen im Elektronenmikroskop tripelstrukturiert ist, d. h. zwei äußere elektronendichte Schichten von je 25 Å Durchmesser schlossen eine elektronendurchlässige Schicht von etwa gleicher Abmessung ein. Gleiche Befunde ließen sich dann auch an osmiumtetroxydfixiertem Material erheben. Differenzen zu den Perioden, die mit der Röntgenstrukturanalyse ermittelt worden waren, wurden als artefizielle Schrumpfung im Prozeß der Einbettung und der weiteren Präparation für die elektronenmikroskopische Untersuchung erklärt.

Auf Grund weiterer Untersuchungen erklärte dann Robertson die Myelinscheiden von markhaltigen Nerven als eine Einstülpung des Axons in die Schwannschen Zellen, wobei die Plasmamembran der Gliazellen das eingestülpte Axon einfach oder mehrfach als Myelinscheide umgibt. Wie so erklärlich wird, kommen bei diesem Prozeß mehrere Plasmamembranlagen parallel geschichtet zustande. Zwischen den Plasmamembranen bleibt dabei jeweils ein elektronendurchlässiger Raum von ca. 100 bis 150 Å erhalten, über dessen Natur zunächst nichts ausgesagt werden konnte. Die beiden apponierten Plasmamembrananteile und der eingeschlossene elektronendurchlässige Raum wurden von Robertson in toto mit dem Überbegriff „Mesaxon“ versehen. Das Mesaxon entspricht dabei nach der Auffassung von ROBERTSON im wesentlichen Doppelmembranen, wie sie in der Zelle z. B. in Mitochondrien und am endoplasmatischen Retikulum beobachtet werden können. Mit dieser Ausweitung der Beobachtungen von der Myelinbildung durch die Plasmamembran der Schwannschen Zellen auf andere biologische Membranen schuf ROBERTSON seinen Begriff der „Einheitsmembran“. Wesentlich für diese

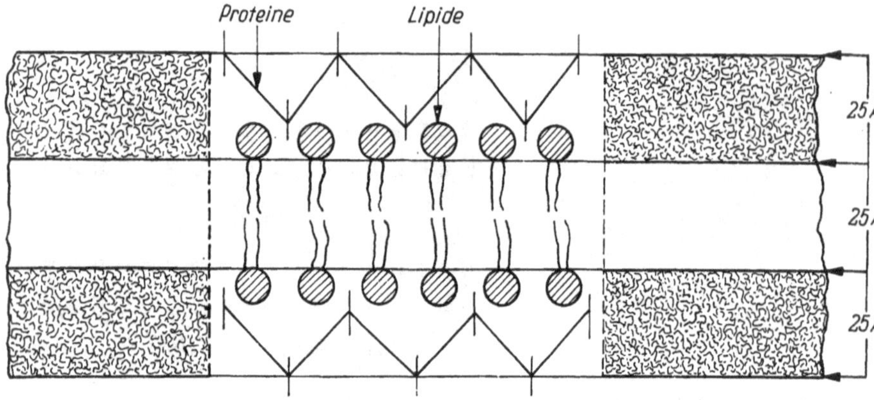

Abbildung 27: Schema der Einheitsmembran nach ROBERTSON

Begriffsbildung war das ähnlich tripelstrukturierte Querschnittsbild anderer biologischer Membranen mit den gleichen Abmessungen, wie sie die Plasmamembran der Schwannschen Zellen zeigt: Zwei äußere elektronendichte, daher dunkel erscheinende Schichten von jeweils 25 Å Durchmesser schließen eine 25 Å dicke elektronendurchlässige, daher hell erscheinende Schicht ein. Der Gesamtdurchmesser der „Einheitsmembran“ beträgt also 75 Å. Die Beobachtung, daß andere biologische Membranen andere Abmessungen in der grundsätzlichen Tripelstruktur zeigten, deutet ROBERTSON als ein Präparationsartefakt. Im Lichte dieser Modellvorstellung wurde dann auch die Entstehung des endoplasmatischen Retikulums von PALADE zunächst als eine Einstülpung der Zytoplasmamembran diskutiert.

Die Vorstellung, daß alle biologischen Membranen nach der von ROBERTSON diskutierten Molekularstruktur aufgebaut sind, beherrschte die darauf folgenden Jahre und findet auch heute noch eine große Zahl an Anhängern.

LUZZATI und HUSSON wiesen 1962 in röntgenstrukturanalytischen Studien darauf hin, daß flüssig-kristalline Systeme, wie sie z. B. Lipid-Wassermischungen bilden, neben einer lamellären auch andere mizellare Strukturierungen einnehmen können, die sehr leicht ineinander übergehen können, wenn man beispielsweise Konzentration und Temperatur ändert. So zeigte eine Mischung aus Hirnlipiden (im wesentlichen Phospholipide) in Wasser neben einer unstrukturierten Phase eine lamelläre und eine hexagonale Phase, die ineinander übergehen konnten, wenn die Konzentration oder die Temperatur nur geringgradig geändert wird. Die Autoren schlossen aus diesen Ergebnissen, daß die flüssig-kristallinen Strukturen in vivo existieren, sie aber kaum den Prozeß der Fixation und Präparation für die Elektronenmikroskopie überstehen dürften, so daß hier geänderte, wenn nicht gar artefizielle Formbilder zur Abbildung kommen. Die hexagonale Phase hätte dabei sicherlich eine physiologische Bedeutung, da sie durchgehende „Wasserporen" einschließt, die darüber hinaus in einer Phasenänderung in ihrem Ausmaß veränderlich sein könnten. STOECKENIUS konnte dann auch diese Phasen elektronen-

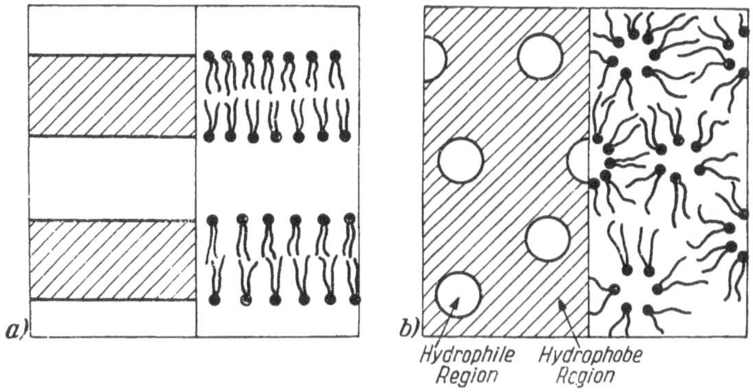

Abbildung 28: Lamelläre (a) und hexagonale (b) Anordnung von Phospholipiden in Wasser nach LUZZATI und HUSSON

optisch darstellen, wobei er auch Phasenübergänge in Abhängigkeit von Temperatur und Konzentration erfaßte. Die Befunde von LUZZATI und HUSSON sowie STOECKENIUS leiteten zu Modellvorstellungen zur Molekularstruktur der biologischen Membranen über, die von der Robertsonschen Einheitsmembran abwichen. Vor allem waren es erste Berichte über „Subunit"-Strukturen innerhalb der Membranen, die hier diskutiert wurden. FERNANDEZ-MORAN (1962) und später auch NILSSON (1964) beschrieben eine elektronenoptisch sichtbare globuläre Substruktur in den Sinneszellen der Froschretina. SJÖSTRAND (1963) beschrieb die schon im vorangehenden Abschnitt zitierten Ergebnisse an Tubuluszellen von Mäusenieren. Danach war sowohl in den Mitochondrien als auch im endoplasmatischen Retikulum sowie in den Golgi- und Kernmembranen eine globuläre Substruktur nachzuweisen. Gleiche Befunde erhob SJÖSTRAND mit wechselnden Präparationstechniken, so daß das Argument von ROBERTSON, es handele sich hier um Artefakte, entkräftet wurde. SJÖSTRAND griff an Hand dieser Befunde und an Hand von Querschnittsmessungen, die er an verschiedenen Membrantypen im gleichen Anschnitt vorgenommen hatte, die Einheitsmembrantheorie von ROBERTSON an. LUCY und GLAUERT konnten dann 1964 in ihren Studien zur mizellaren Struktur von binären und ternären Systemen (Lezithin, Cholesterin und/oder Fettsäuren) nachweisen, daß in Abhängigkeit vom umgebenden Milieu mehrere Strukturierungen möglich sind, wie sie auch schon von LUZZATI und HUSSON beschrieben wurden, u. a. auch eine globuläre Struktur, die in ihren Abmessungen den von SJÖSTRAND beobachteten „Subunits" entsprach. Ein wichtiges

Argument für eine „Subunit"-Hypothese waren dann auch die Beobachtungen von Benedetti und Emmelot (1965), die isolierte Zytoplasmamembranen von Leberparenchymzellen mit Hilfe der Negativkonstrastierung untersuchten und eine mit der Temperatur des Fixationsmilieus wechselnde, hexagonale Strukturierung der Membranen darstellten. Eine weitere Stuktur waren Globuli von 50—60 Å Durchmesser, die an 20 Å langen, stäbchenförmigen Strukturen der Membran in den Teilen aufsaßen, die keine hexagonale Strukturierung zeigten. Ein Vergleich zu den von Fernandez-Moran beschriebenen Elementarpartikeln der inneren Mitochondrienmembran wurde gezogen, jedoch gab es keine plausible Erklärung für diese Strukturen. Auch Cunningham, Stiles und Crane sahen mit der Negativkontrastierung ähnliche globuläre Untereinheiten in Plasmamembranen u. a. von Leberparenchymzellen und Erythrozyten. Die von Mühlethaler sowie Branton und Park 1966 eingeführte Technik der Gefrierätzung zeigte ebenfalls an unterschiedlichen Membranen globuläre Untereinheiten, die in eine lamelläre Matrix eingebettet sind. Sie haben einen Durchmesser von 40 bis 100 Å, je nach Material und Untersucher. Im wesentlichen wurden die bisherigen Untersuchungen mit dieser Technik an Chloroplastenmembranen und an Hefezellmembranen durchgeführt. Unklar erscheint noch die Diskussion dieser Ergebnisse. Während Mühlethaler meint, er habe die im Negativkontrast darstellbaren, apponierten Globuli dargestellt, meinen Brenton und Park, es handele sich bei den dargestellten Strukturen um intramembranös lokalisierbare Untereinheiten.
Alle die zuletztgenannten Befunde führten dazu, daß sich einige Autoren völlig von der Modellvorstellung einer Einheitsmembran trennten, zumal Fleischer und Fleischer (1965) fanden, daß man 95% der Lipide aus Mitochondrienmembranen extrahieren kann, ohne daß im elektronenoptischen Bild die Tripelstruktur verlorengeht. Das beweist, daß in diesem Falle die Lipidanordnung in der Membran keine Rolle für die Tripelstrukturierung im elektronenoptischen Bild spielt. Darüber hinaus wurde durch zirkulardichroistische Messungen und Messungen der optischen Rotationsdispersion durch Wallach (1966) nachgewiesen, daß große Teile (40 bis 50%) der Membranproteine in einer hydrophoben α-Helix konfiguriert sind, d. h. nicht in der äußeren polaren Region, sondern mehr in der inneren Membranregion vorliegen müssen. Auch bewiesen diese und andere Untersuchungen, daß die Bindung der Phospholipide an die Proteine der Membran nicht nur über elektrostatische, d. h. polare Bindungen erfolgt, sondern auch über hydrophobe Wechselwirkungen. Das widerspricht dem Modell der Einheitsmembran bzw. dem alten Modell von Danielli-Davson. Die Befunde von Wallach wurden sowohl an Plasmamembranaufschwemmungen als auch an isolierten endoplasmatischen Membranen von Ascites-Carcinom-Zellen gewonnen. Wir konnten die Befunde von Wallach an isolierten glatten, endoplasmatischen Membranen aus Rattenleberparenchymzellen bestätigen und fanden darüber hinaus, daß der Anteil der hydrophoben, helixkonfigurierten Teile der Membranproteine durch physiologische Dosen von ATP und ADP, nicht jedoch durch AMP, verringert werden kann (Löwe und Mitarbeiter 1971). Das heißt, die Molekularstruktur der Membranen ist durch diese wichtigen Intermediate des Zell-

stoffwechsels zu beeinflussen. SJÖSTRAND sah in den Befunden von WALLACH einen wichtigen Beleg für sein Membranmodell. VAN DEENEN (1967) wies bei seinen Analysen von Membranlipiden nach, daß die verschiedenen Lipidkomponenten sehr unterschiedlich in die Membran gebunden sind. Auch dieser Befund läßt sich nicht über das Membranmodell von DANIELLI-DAVSON, wohl aber über ein „Subunit"-Modell, wie es SJÖSTRAND und andere Autoren vertreten, erklären. Danach stellen die Untereinheiten der Membran Lipoproteidkomplexe dar, die über hydrophobe Wechselwirkungen aneinander gehalten werden.

Durch alle jetzt vorliegenden Befunde kann man als bewiesen annehmen, daß es neben der klassischen Schichtstruktur nach DANIELLI-DAVSON und ROBERTSON andere Molekularstrukturierungen in biologischen Membranen gibt, die am ehesten durch die Hexaederstruktur von LUZZATI und HUSSON charakterisiert sind und den vielseitig nachweisbaren globulären Substrukturierungen in biologischen Membranen entsprechen dürften. Dabei scheint der Übergang von einer Strukturierung in die andere, abhängig vom umgebenden Milieu, das funktionsabhängig sein kann, wesentlich für die Steuerung von Funktionsabläufen zu sein. Im Prozeß der elektronenoptischen Präparationstechnik nimmt dabei die flüssig-kristalline Struktur der biologischen Membranen vorzugsweise eine lamelläre Molekularstruktur ein, die dann in vielen elektronenoptischen Bildern dargestellt wird. In situ scheinen nebeneinander verschiedene Molekularstrukturen in Abhängigkeit von der Funktion vorzuliegen; das ist heute eher anzunehmen, als das ausschließliche Vorhandensein einer Struktur, wie es u. a. von der Schule von GREEN für Mitochondrienmembranen und von ROBERTSON diskutiert wird.

Alles bisher Gesagte gilt generell auch für die Molekularstruktur der endoplasmatischen Membranen, zumal an ihnen ein Teil der oben diskutierten Befunde gewonnen wurden. Schwierig ist es, eine Erklärung für die von PREZBINDOWSKY und Mitarbeiter (1968) mit der Negativkontrastierung nachgewiesenen regelmäßigen apponierten Globuli an die endoplasmatischen Membranen zu finden. Hierzu liegen bisher keine weiteren Befunde vor, die deren Natur erklären könnten. Möglicherweise handelt es sich um locker an die endoplasmatischen Membranen gebundene Funktionsproteinkomplexe, die bei den üblichen Präparationsmethoden abgespalten werden. Eine weitere Eigenheit der endoplasmatischen Membranen ist die Bindung von Ribosomen oder auch Polysomen an die äußere Membranseite. Diese Bindung bewirkt, wie später noch näher ausgeführt ist, eine Änderung in der Proteinsynthese an diesen Polysomen (siehe hier auch Kapitel 4.3.).

Die Art, wie die Polysomen an die Membran gebunden sind, ist bisher nicht eindeutig geklärt. Es scheinen hier einmal Mg^{++}-Brücken und dann auch elektrostatische Bindungen eine Rolle zu spielen. In einer neueren Arbeit (1968) weisen COMOROSAN und LUGOJAN auf eine weitere Bindungsmöglichkeit über Komplexbildungen zwischen ribosomalen Proteinen und Phosphoproteinen aus endoplasmatischen Membranen hin. Hier stehen jedoch noch weitere Untersuchungen aus, die vor allem auch die Frage klären müssen, ob eine reversible Polysomenbindung an endoplasmatische Membranen möglich ist, für die es einige wichtige Hinweise gibt. So konnte JAMES, RABIN und WILLIAMS (1969) kürzlich an einem isolierten System zeigen, daß eine Rückbindung von Polysomen an glatte endoplasmatische Membranen durch Steroidhormone (Corticosteron, Oestradiol) induziert werden kann.

Eine Loslösung der Ribosomen von der Membran ist in vitro möglich, wenn man z. B. die Membranen durch Zusatz von Desoxycholat zerstört. So gewonnene

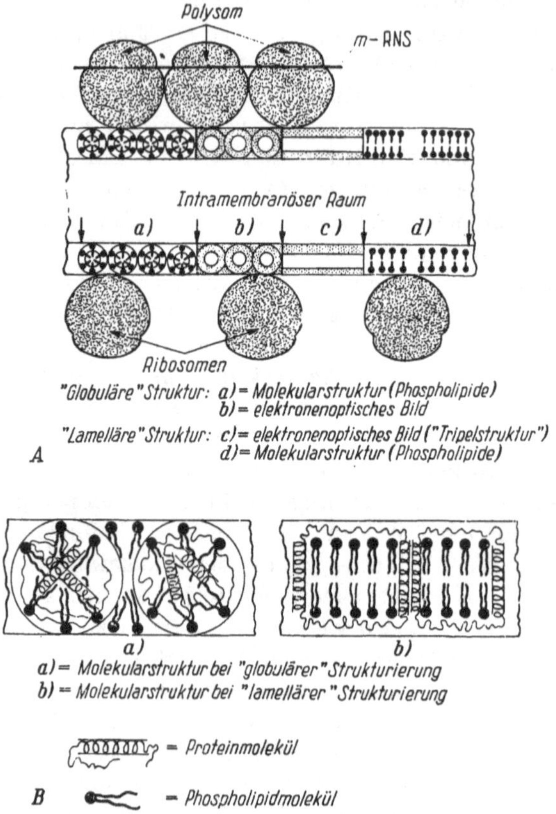

Abbildung 29

Ribosomen zeigen funktionell keine wesentlichen Unterschiede zu freien Ribosomen. Das heißt, daß die Bindung an die Membran zu den Unterschieden in der Funktion gebundener und freier Ribosomen führt. Zum anderen deutet es aber auch an, daß prinzipiell eine reversible Bindung möglich ist. Der Bindungsort für die Ribosomen liegt an der großen Ribosomenuntereinheit (50 S), wie jetzt sicher festzustehen scheint.

In der Abbildung 29 haben wir versucht, in einer Modellskizze die Molekularstruktur des endoplasmatischen Retikulums darzustellen.

Literatur zu 2.1.

AFZELIUS, B. A.: Exp. Cell. Res. **8**, 147, 1955.

ANDERSON, E., u. H. W. BRAMS: J. biophys. biochem. Cytol. Suppl. **2**, 439, 1956.

ANDERSON-CEDERGREN, E.: J. Ultrastr. Res. Suppl. **1**, 1959.

— u. V. MUSCATELLO: J. Ultrastr. Res. **8**, 391, 1963.

BAL, A. K., F. JUBINVILLE,, G. H. COUSINEAU, u. S. INOUÉ: J. Ultrastr. Res. **25**, 15, 1968.

BANG, B. C., u. F. B. BANG: J. Ultrastr. Res. **1**, 138, 1957.

BANNASCH, P.: 13. Tagung d. Deutsch. Ges. f. Elektronenmikroskopie, Marburg 1967.

BARER, R., S. JOSEPH, u. G. A. MEEK: Proc. fourth internat. Conf. Electronenmicroscopy S. 233, Springer-Verlg. Berlin 1960.

BARTOK, S., V. TOTOVIC, u. P. GEDIGK: Virchow's Arch. **343**, 1, 1967.

BENNETT, H. S.: J. biophys. biochem. Cytol. Suppl. **2**, 171, 1956.

—, u. K. E. PORTER: Am. J. Anat. **93**, 61, 1963.

BERMAN, I., u. C. C. STICE: Tissue Cell **2**, 11, 1970.

CALLAN, H. G., u. S. TOMLIN: Proc. roy. Soc. B. **137**, 367, 1960.

CARO, L. G.: J. biophys. biochem. Cytol. **10**, 37, 1961.

—, u. G. E. PALADE: C. R. Biol. (Paris) **455**, 1750, 1961.

CHRISTENSEN, A. K., u. D. W. FAWCETT: Anat. Rec. **136**, 333, 1960.

CLAUDE, A.: In: "Microsomes and Drug Oxidations" edited by J. R. Gillette u. a. Academic Press 1969., S. 3.

DALTON, A. J., u. M. D. FELIX: J. biophys. biochem. Cytol. Suppl. **2**, 79, 1956.

—: in: The Cell, Bd. II, Acad. Press. N. Y. 1961.

DAVID, H.: Acta biol. med. germ. **22**, 787, 1969.

—, u. J. MARX, u. E. DAVID: Exp. Path. **4**, 320, 1970.

DUVE, DE C., B. C. PRESSMANN, R. GIANETTO, R. WATIAUX, u. F. APPELMANS: Biochem. J. **60**, 604, 1955.

FAWCETT, D. W.: J. nat. Cancer Inst. **15**, Suppl. 1475, 1955.

FLAKS, B.: J. Cell Biol. **38**, 230, 1968.

—: J. Cell Biol. **36**, 410, 1968.

FLICKINGER, CH. J.: J. Ultrastr. Res. **27**, 344, 1969.

FRANKE, W., u. J. KARTENBECK: Experientia **25**, 396, 1969.

FRANKE, W., B. DEUMLING, B. ERMEN, E. D. JARASCH, u. H. KLEINIG: J. Cell. Biol. **46**, 379, 1970.

GHADIALLY, F. N., u. E. W. PARRY: Cancer **19**, 1989, 1966.

GOLGI, C.: Arch. ital. Biol. **30**, 60, 1898.

GROSS, E. G.: J. Ultrastruct. Res. **14**, 64, 1966.

GRUNDMANN, E.: Allgemeine Cytologie. G. Thieme Verlag, Stuttgart 1964.

HENDLER, R. W., A. J. DALTON, u. G. G. GLENNER: J. biophys. biochem. Cytol. **3**, 325, 1957.

HEUMANN, H.-G.: Protoplasma **67**, 111, 1969.

HIRSCH, G. C.: Form- und Stoffwechsel der Golgi-Körper, Borntraeger, Berlin 1939.

HOSHINO, M.: Cancer Res. **23**, 209, 1963.

JONES, A. L.: Proc. Soc. Exp. Med. **123**, 4, 1966.

KARTENBECK, J. u. W. W. FRANKE: Protoplasma **72**, 49, 1971

KESSEL, R. G.: J. Cell. Biol. **19**, 391, 1963.

—: Anat. Record. **145**, 363, 1963.

—: Z. Zellforschg. **63**, 37, 1963.

—: J. Ultrastruct. Res. **10**, 498, 1964.

—: J. Cell Biol. **24**, 471, 1965.

—: J. Ultrastruct. Res. **16**, 305, 1966.

KLEINFELD, R. S. u. J. DE FEO: J. Cell Biol. **47**, Part 2, 1970
LEELAVATHI, D. E., L. W. ESTES, D. S. FEINGOLD u. a.: Biochim. Biophys. Acta **211**, **124**, **1970**.
LEGATO, M. J., D. SPIRE, u. G. A. LANGER: J. Cell Biol. **37**, **1**, **1968**.
LIN, HUAI-SAN: J. Cell Biol. **33**, 15, 1967.
LÖWE, H.: Acta biol. med. germ. **23**, 887, 1969.
LUCK, D. J. L.: J. biophys. biochem. Cytol. **10**, 195, 1961.
MARTINO, C. DE, L. ACCINI, G. A. ANDREWS, u. J. ARCHETTI: Z. Zellforschg. **97**, 502, 1969.
MAUL, G. G.: J. Ultrastruct. Res. **26**, 163, 1969.
—: J. Cell. Biol. 47/2 (Part 2) 1970.
MAUL, G.: J. Cell. Biol. **46**, 604, 1970.
MELDOLESI, J., u. CLEMENTI, F.: Extrait de Pathol.-Biol. **15**, 215, 1967.
MELLAND, B.: Quart. J. Micro. Sc. **25**, 371, 1885.
MERKOW, L., u. J. LEIGHTON: J. Cell Biol. **28**, 127, 1966.
—: M. SLIFKIN, M. PARDO, u. O. ROMANO: J. Cell. Biol. 39, 89a, 1968.
MERRIAM, R. W.: J. biophys. biochem. Cytol. **5**, 117, 1959.
MOSES, M. J.: in: Proc. fourth internat. Conf. Electronenmicroscopy. Part II, 230, Springer-Verlag, Berlin 1960.
MURTY, C. N., u. T. HALLINAN: Biochem. J. **112**, 269, 1969.
PALADE, G. R.: Anat. Rec. **121**, 445, 1955.
—: J. biophys. biochem. Cytol. **1**, 567, 1955.
—: J. biophys. biochem. Cytol. Suppl. **2**, 85, 1956.
—: Symp. on Electron Microscopy-Brit. Anat. Assoc. Arnold Press London 1960.
PARKS, H. F.: Anat. Record. **151**, 397, 1965.
PATRIZI, G. u. J. N. MIDDELKAMP: J. Ultrastruct. Res. **31**, 407, 1970.
PERRY, M. M.: J. Cell. Sci. **2**, 257, 1967.
POLLAK, J. K., u. C. D. SHOVEY: Austr. J. exp. med. sci. **45**, 393, 1967.
POLLISTER, A. W., M. GETTNER, u. R. WARD: Science **120**, 789, 1954.
PORTER, K. R.: J. exp. Med. **97**, 727, 1953.
—, u. G. E. PALADE: J. biophys. biochem. Cytol. **3**, 269, 1957.
—: J. biophys. biochem. Cytol. **8**, 181, 1960.
PORTER, K. R., u. R. D. MACHADO: J. biophys. biochem. Cytol. **7**, 167, 1960.
PORTER, K. R., u. C. BRUNI: Cancer Res. **19**, 997, 1959.
PORTER, K. R., u. E. YAMADO: J. biophys. biochem. Cytol. **8**, 181, 1960.
RASH, E., K. M. GEY u. G. O. GEY: J. Cell. Biol. **47**, Part 2, 1970.
REBHUN, L. T.: J. Ultrastruct. Res. **5**, 208, 1961.
REMMER, A. u. H.-J. MERKER: Kli. Wo. **41**, 276, 1963.
RIEDEL, B., u. W. O. GROSS: Z. Zellforschg. **84**, 220, 1969.
ROSS, M. H.: J. Ultrastruct. Res. **7**, 373, 1962.
—, u. G. F. PAPPAS et. al.: J. biophys. biochem. Cytol. **4**, 659, 1958.
RUBY, J. R., R. F. DYER, u. R. G. SKALKO: Z. Zellforschg. **97**, 30, 1969.
SCHEER, N., u. W. FRANKE: J. Cell Biol. **42**, 519, 1969.
SCHIAFFINO, S., u. A. MARGRETH: J. Cell Biol. 41, 855, 1969.
SJÖSTRAND, F. S.: Int. Rev. Cytol. **5**, 455, 1956.
—, u. V. HANZON: Exper. Cell. Res. **7**, 393, 1954.
STEIN, O. u. Y. STEIN: J. Cell Biol. **33**, 319, 1967.
—: J. Cell Biol. **34**, 251, 1967.
SWIFT, H.: J. biophys. biochem. Cytol. **2**, 415, 1956.
THIN, G.: Edinburgh med. J. **20**, 1, 238, 1874.

THOENES, W.: Verhandlungen d. Deutschen Gesellschaft f. Pathologie 46. Tg., 12.—16. 6. 1962. G.-Fischer-Verlag-Stuttgart 1962. S. 202—206.
WATSON, M. L.: J. biophys. biochem. Cytol. **1**, 257, 1955.
YAMAMOTO, M.: Exper. Cell. Res. **40**, 655, 1965.
—, u. H. ONOCATO: Mem. Fac. Fish. Hokkaido Univ. **13**, 79, 1965.

Literatur zu 2.2.

ACROSS, J. C., u. M. ACROSS: Biochim. Biophys. Acta **28**, 9, 1958.
AOKI, A.: Protoplasma **66**, 263, 1968.
CONNEY, A. H.: Pharmacol. Rev. **19**, 317, 1967.
DAVID, H., u. I. UERLINGS: Acta biol. med. germ. **20**, 77, 1968.
DOUGLAS, S. D., u. H. H. FUDENBERG: Exper. Cell. Res. **54**, 277, 1969.
EMANS, J. B., u. A. L. JONES: J. Histochem. Cytochem. **16**, 561, 1968.
EMMELOT, P., u. E. I. BENEDETTI: in Harris: Protein biosynthesis Academic Press. New York, 1, 1961.
EMMELOT, P., J. J. MIZRAHI, R. NACCARATO, u. E. I. BENEDETTI: J. Cell Biol. **12**, 177, 1962.
FRANKE, H., u. W. KLINGER: Acta biol. med. germ. **17**, 507, 1966.
—: Acta biol. med. germ. **18**, 99. 1967.
FOUTS, J. R., u. L. A. ROGERS: Pharmacol. Exp. Ther. **147**, 112, 1965.
HYMER, W. C., M. MC SHAN, u. R. G. CHRISTIANSEN: Endocrinology **69**, 81, 1961.
ITI, S., u. R. J. WINCHESTER: J. Cell Biol. **16**, 541, 1963.
KRONE, H. A., u. K. RICKERS: Beitrag path. Anat. **136**, 390, 1967.
KUNZ, W., G. SCHAUDE, W. SCHMID, u. M. SIESS: Naunyn Schmiedebergs Arch. **254**, 470, 1966.
—: Proc. Europ. Soc. Study Drug Tox. **1966**, Vol. VII.
LÖWE, H.: Acta biol. med. germ. **20**, 655, 1968.
—, u. F. JUNG: Acta biol. med. germ. **15**, 302, 1965.
—: Acta biol. med. germ. **18**, 359, 1967.
LÖWE, H., I. GRUNEWALD, u. H. ZEIDLER: Acta biol. med. germ. **20**, 393, 1968.
MELDOLESI, J., u. F. CLEMENTI: Extrait de Path.-Biol. **15**, 215, 1967.
MERKOW, L. P., S. M. EPSTEIN, N. J. CARRO, u. B. BARTUS: Cancer Res. **27**, 1712, 1967.
MOORE, R. D., u. M. D. SCHOENBERG: Nature **203**, 1293, 1964.
MUNGER, B.: Amer. J. Anat. **103**, 275, 1958.
NICKERSON, P. A., u. J. C. CURTIS: J. Cell Biol. **40**, 859, 1969.
NUSSDORFER, G. G.: Z. Zellforschung **106**, 143, 1970.
ORRENIUS, ST., J. L. ERICSSON, u. L. ERNSTER: J. Cell Biol. **25**, Part 1, 627, 1965.
ORRENIUS, ST., u. J. L. ERICSSON: J. Cell Biol. **28**, 181, 1966.
PIPAN, N.: Z. Zellforschg. **52**, 291, 1960.
RANCOURT, M. W., u. G. LITWACK: Exper. Cell. Res. **51**, 413, 1968.
REMMER, H., u. H.-J. MERKER: Science **142**, 1957, 1963b.
—: Kli. Wo. **41**, 276, 1963.
REMMER, H., u. M. SIEGERT: Naunyn Schmiedebergs Arch. **247**, 522, 1964.
ROGERS, L. A., H. P. MORRIS, u. J. R. FOUTS: J. Pharm. Exp. Ther. **157**, 227, 1967.
RUBIN, E., F. HUTTERER, u. C. S. LIEBER: Science **159**, 1469, 1968.
SCHOLLER, K. L.: Experientia **23**, 652, 1967.
SELMAN, G. G., u. A. JURAND: J. Cell Biol. **20**, 175, 1964.
STEINER, J. W., K. MIYAI, u. M. J. PHILIPPS: Am. J. Pathol. **44**, 169, 1964.
SZIRMAI, J. A., u. P. C. VAN DER LINDE: J. Ultrastruct. Res. **12**, 380, 1965.

UEHLEKE, H., u. H. GREIM: Naunyn Schmiedebergs Arch. **261**, 152, 1968.
UNAKAR, N.-J.: J. Cell Biol. **39**, Part 2, 181a, 1968.
WALDMANN, G.: Exper. Pathol. **2**, 360, 1968.
WENDLER, H. D., u. K. R. PORTER: Z. Zellforschg. **52**, 697, 1960.
LEE, T., SWARTZENDRUBER, SNYDER, F.: Biochem. Biophys. Res. Comm. **36**, 748, 1969.
SCOTT-BURDEN, T., A. O. HAWTREY: Biochem. J. **115**, 1063, 1969.

Literatur zu 2.3.

BORSOOK, H., L. DESAY, A. J. HAGEN-SUIT, G. KEIGHBERG, u. P. LOWY: J. Biol. Chem. **187**, 839, 1950.
CHAUVEAU, I., Y. MOULÉ, u. C. ROUILLER: Exper. Cell. Res. **13**, 399, 1957.
CLAUDE, A.: Biol. Symp. **10**, 111, 1943.
DALLNER, G.: Acta Path. Micr. Scand. Suppl. 166, 1963.
—, u. S. ORRENIUS, u. A. BERGSTRAND: J. Cell Biol. **16**, 426, 1963.
DECLOITRE, F., u. I. CHAUVEAU: Febs Letters **2**, 227, 1969.
HOGEBOOM, G. H., W. C. SCHNEIDER, u. G. E. PALADE: Proc. Soc. Exp. Biol. Med. **65**, 320, 1947.
—: J. Biol. Chem. **172**, 619, 1948.
MOULÉ, Y., C. ROUILLER, u. I. CHAVEAU: J. biophys. biochem. Cytol. **7**, 547, 1960.
ROBINSON, J. D.: Arch. Biochem. Biophys. **106**, 207, 1964.
—: Arch. Biochem. Biophys. **110**, 475, 1965.
—: Arch. Biochem. Biophys. **112**, 170, 1965.
—: Arch. Biochem. Biophys. **113**, 526, 1966.
—: Arch. Biochem. Biophys. **118**, 649, 1967.
ROTHSCHILD, G. A.: Fed. Proc. **20**, 145, 1961.
SLAUTTERBACK, D. E.: J. Appl. Physics **23**, 163, 1952.
VOTH, D., u. A. SCHÄFER: Brain Res. **10**, 322, 1968.

Literatur zu 2.4.

BAR, R. S., D. W. DIAMER, u. D. G. CORNWELL: Science **153**, 1010, 1966.
BRAGG, W. H., u. W. L. BRAGG in: X-Rays and Crystal/Structure 4th. ed. rev. Harcourt, Brace, N. Y. 1924.
BENEDETTI, E. L., u. P. EMMELOT: J. Cell. Biol. **29**, 299, 1965.
BRANTON, D., u. R. B. PARK: J. Ultrastruct. Res. **19**, 283, 1967.
CASLEY-SMITH, J. R., u. T. SAVANAT: J. exp. Biol. Sci. **44**, 111, 1966.
CSILLIK, B., u. E. KNYIHÁR: Acta Biochim. et Biophys. Acad. Sci. Hung. **3**, 165, 1968.
CUNNINGHAM, W. P., J. W. STILES, u. F. L. CRANE: Exp. Cell Res. **40**, 171, 1965.
CUNNINGHAM, W. P., u. F. L. CRANE: Exp. Cell Res. **44**, 31, 1966.
COMOROSAN, S., u. P. LUGOJAN: European J. Biochem. **6**, 460, 1968.
DALLNER, G., PH. SIEKEVITZ, u. G. E. PALADE: J. Cell. Biol. **30**, 73; 93, 1966.
DANIELLI, J. F., u. H. DAVSON: J. Cell and comp. Physiol. **5**, 495, 1935.
DEENEN, VAN, L. L. M.: Biochim. Biophys. Acta. Vol. **11**, 72, 1968.
FERNANDEZ-MORAN, H.: Exp. Cell Res. **1**, 309, 1950.
FERNANDEZ-MORAN, H., u. J. B. FINEAN: J. Biophys. Biochem. Cytol. **3**, 725, 1957.
FERNANDEZ-MORAN, H.: in: Ultrastructur and Metabolism of the Nervous System, Res. Publ., Assoc. Res. Nerv. Mental. Dis. **40**, 235, 1962.
FLEISCHER, S., B. FLEISCHER, u. W. STOECKENIUS: Fed. Proc. **24**, 296, 1965.

GREEN, D. E., u. PERDUE, J. F.: Proc. Nat. Acad. Sci. **55**, 295, 1966.
GIRBARDT, M.: Protoplasma **67**, 413, 1969.
GORTER, E., u. F. GRENDEL: J. Exp. Med. **41**, 439, 1925.
WALLACH, D. F., u. P. H. ZAHLER: Proc. Nat. Acad. Sci. (USA) **56**, 1552, 1966.
IKEMOTO, N. F., A. SRETER, A. NAKAMURA, J. GERGELY: J. Ultrastruct. Res. **23**, 216, 1968.
JAMES, D. W., B. R. RABIN, u. D. J. WILLIAMS: Nature **224**, 371, 1969.
LANGMUIR, I.: J. Amer. Chem. Soc. **39**, 1848, 1917.
LÖWE, H., u. F. JUNG: Acta biol. med. germ. **15**, 302, 1965.
—: Acta biol. med. germ. **18**, 359, 1967.
LÖWE, H., I. GRUNEWALD, u. H. ZEIDLER: Acta biol. med. germ. **20**, 393, 1968.
LÖWE, H.: Acta biol. med. germ. **23**, 887, 1969.
LÖWE, H.: Acta biol. med. germ. **27**, 509, 1971
LUCY, J. A., u. A. M. GLAUERT: J. Mol. Biol. **8**, 727, 1964.
LUZZATI, V., u. F. HUSSON: J. Cell. Biol. **12**, 207, 1962.
MÜHLETHALER, K. in: Biochem. of Chloroplasts, Vol. 1, ed. by Goodwin Academ. Press. N. Y. 1966, p. 49.
NILSSON, S. E. G.: Nature **202**, 509, 1964.
ORRENIUS, ST., J. L. E. ERICSSON, u. L. ERNSTER: J. Cell. Biol. **25**, 627, 1965.
OVERTON, E.: Vjschr. Naturforsch. Ges. Zürich **40**, 159, 1895.
PANNESE, E.: J. comp. Neurol. **132**, 331, 1968.
PERRIN, J.: Annals. Phys. Series 9, X, 160, 1918.
POLLAK, J. K.: J. mol. Biol. **16**, 564, 1966.
POLLAK, J. K.: Biochem. J. **109**, 40 P, 1968.
PREZBINDOWSKI, K. S., F. F. SUN, u. F. L. CRANE: Exp. Cell. Res. **50**, 241, 1968.
PROCICCHIANI, G., MIGGINANO, V., u. G. ARANCIA: J. Ultrastruct. Res. **22**, 195, 1968.
ROBERTSON, J. D. in: Cellular Membranes in Development, ed. by. Locke, Acad. Press N. Y. 1964.
ROBERTSON, J. D.: Proc. Nat. Acad. Sci. **53**, 860, 1965.
SCHMITT, F. O., R. S. BEAR, u. G. L. CLARK: Radiology **25**, 131, 1935.
SJÖSTRAND, F. S.: Experientia **9**, 68, 1953.
—: J. Ultrastruct. Res. **9**, 340, 1963.
—: J. Ultrastruct. Res. **9**, 561, 1963.
SJÖSTRAND, F. S.: B. B. A. Library **11**, 1, 1968.
STOECKENIUS, W.: J. Cell. Biol. **12**, 221, 1962.
PITOT, C. H., N. SLADEK, W. RAGLAND et. al. in: "Microsomes and Drug Oxidation" edited by R. Gilette et. al. Academic Press 1969, S. 59.

3

DIE BIOCHEMISCHE UND BIOPHYSIKALISCHE ANALYSE DES ENDOPLASMATISCHEN RETIKULUMS

Analytische Daten über das endoplasmatische Retikulum werden an den isolierten Mikrosomenfraktionen gewonnen. Wie in den vorangegangenen Abschnitten eingehend beschrieben wurde, finden sich in dieser Fraktion neben den Membranen des endoplasmatischen Retikulums auch Ribosomen und Polysomen. Um die mikrosomalen Membranen analysieren zu können, müssen diese Partikel abgetrennt werden. Das gelingt durch Differentialzentrifugation in kationenhaltigen Zuckergradienten, in denen man die Mikrosomen subfraktionieren kann.
Zerstört man die mikrosomalen Membranen durch Desoxycholat (0,2%), so kann man die Ribosomen/Polysomen abzentrifugieren und isoliert analysieren. Nach Abzug der so erhaltenen Analysenwerte von der Gesamtmikrosomenanalyse kommt man zu einer weitgehend reinen Analyse der isolierten Membranen der Mikrosomen. Schwankungen treten dabei jedoch in Abhängigkeit vom untersuchten Material auf, da Zusammensetzung und Eigenschaften der Mikrosomen teilweise funktionsabhängig sind. So ist bei unterschiedlicher Ernährung der Versuchstiere, sowie bei heterogenem Tiermaterial von vornherein eine relativ große Schwankung zu erwarten. Es ist daher verständlich, daß die Angaben in der Literatur nur schwer miteinander zu vergleichen sind. Gleiches gilt für die Analyse mikrosomaler Subfraktionen.
Methodisch ist neben der biochemischen Analyse eine elektronenoptisch-histochemische Analyse bestimmter Fermentaktivitäten sowie der autoradiographische Nachweis markierter Membranteile möglich. Diese Methoden liefern vor allem einen Einblick in die zelluläre Lokalisation. Da ein solcher histochemischer und autoradiographischer Nachweis nur bei einem relativ kleinen Teil der Elemente des endoplasmatischen Retikulums möglich ist, bleibt die biochemische Analyse der Mikrosomenfraktion heute noch am aussagekräftigsten, wenngleich auch eine Bestimmung zur unterschiedlichen Verteilung der analysierten Elemente im endoplasmatischen Retikulum nur sehr begrenzt möglich ist. Wendet man markierte Bausteine an, so kann man den metabolischen Durchsatz der verschiedenen Bestandteile des endoplasmatischen Retikulums analysieren.

3.1. Die Analyse der mikrosomalen Lipide

Die Mikrosomenfraktion enthält in den Membranen des endoplasmatischen Retikulums Neutrallipide (Triglyceride neben anderen Gylceriden, Cholesterin und freie Fettsäuren) und Phospholipide. Diese Lipide sind Strukturbestandteil der endoplasmatischen Membranen und für eine große Zahl von Funktionsabläufen sowie für die Struktur des endoplasmatischen Retikulums essentiell. Die meisten Analysen wurden bisher an der Mikrosomenfraktion der Leberparenchymzellen durchgeführt, gefolgt von den Zellen des Gehirns. Die Leber stellt ein sehr homogenes Material dar und ist daher für solche Analysen sehr geeignet. Das Gehirn ist in seiner Zusammensetzung schon sehr viel heterogener und die Werte sagen daher nur etwas über die durchschnittliche Zusammensetzung aus. Im folgenden wird daher auch im wesentlichen auf die Analyse des endoplasmatischen Retikulums der Leberparenchymzelle eingegangen und die anderen Organe nur erwähnt, soweit vergleichbare Befunde vorliegen. Nach GETZ und Mitarbeitern sind 44% der Phospholipide der Leberparenchymzelle in den Membranen des endoplasmatischen Retikulums zu finden, während nur 9% in den Mitochondrien vorliegen. WALLACH und Mitarbeiter (1960) zeigten, daß 53% der Phospholipide der Ehrlich-Aszites-Carcinoma-Zellen im endoplasmatischen Retikulum lokalisiert sind, in den Mitochondrien dagegen nur 29%. Nach SIEKEVITZ (1963) sind dabei 30% des Trockengewichtes von Rattenlebermikrosomen Lipide, wobei es sich im wesentlichen um Phospholipide handelt. GETZ (1962) gibt an, daß 55% des Lebermikrosomengewichtes aus Lipiden besteht. Jedoch macht die Heterogenität der Mikrosomenfraktion eines Gewebes verschiedener Tiere sowie unterschiedlicher Gewebe gleicher oder verschiedener Tiere eine genaue Aussage über den Anteil mikrosomaler Lipide zu den Gesamtlipiden der Zelle unmöglich. In der Tabelle 3

Tabelle 3

Verteilung der Lipide aus der Mikrosomenfraktion von Leber und Hepatom
Bezugssystem: % der Gesamtlipide

	Leber	Hepatom
Gesamtlipide	100 (21,43 mg/g) nach TAKASUGI	100
Phosphatfreie Lipide	18,5 ± 1,5 (n. THEISE)	33,5 ± 0,5 (n. THEISE)
Triglyceride	5,0 ± 1,1 (n. TAKASUGI)	
Cholesterin (Freies und verestertes)	4,5 ± 0,8 (n. THEISE) 3,4 ± 1,3 (n. TAKASUGI)	8,5 ± 0,8 (n. THEISE)
Phospholipide	81,5 ± 1,5 (n. THEISE) 91,5 ± 5,5 (n. TAKASUGI)	66,5 ± 0,5 (n. THEISE)

ist die Analyse der Lipidzusammensetzung einer Lebermikrosomenfraktion und einer Mikrosomenfraktion aus einem Diäthylnitrosamin-induzierten Hepatom nach THEISE sowie nach TAKASUGI zusammengestellt. Dabei waren in der Leber ca. 20% der erfaßten Lipide aus der Mikrosomenfraktion phosphatfreie, d. h. Neutrallipide. Cholesterin machte in dieser Fraktion 4—5% aus, Triglyceride nach TAKASUGI ungefähr 5%, die restlichen 10% der Neutrallipide wurden nicht weiter analysiert. Im Hepatom betrug der Anteil der Neutrallipide dagegen 33%, wobei der Cholesteringehalt mit 9% auch deutlich erhöht war. Der Anteil der Phospholipide betrug in den Lebermikrosomen nach THEISE 82%, nach TAKASUGI um 95%, hingegen im Hepatom nach THEISE nur 66%. Diese Schwankungen der Lipidverteilung in der Mikrosomenfraktion zweier nahe verwandter Zellarten deuten an, daß zwischen noch mehr divergierenden Zellen wesentlich größere Unterschiede zu erwarten sind.

Wesentlich für die Molekularstruktur der Membranen des endoplasmatischen Retikulums sind die Phospholipide und das Cholesterin. In der Tabelle 4 sind verschiedene Analysen der mikrosomalen Phospholipide einiger Gewebe zusammengefaßt. In allen Analysen stimmt die Mengenrelation Phosphatidylcholin > Phosphatidyläthanolamin > Phosphatidylinositol > Sphingomyelin > Phosphatidylserin überein. Dabei schwankt die absolute Zusammensetzung nicht nur von Organ zu Organ, sondern auch innerhalb derselben Organe der gleichen Tierart. Das zeigt besonders die Analyse der Phospholipide von Lebermikrosomen durch verschiedene Laboratorien. MANDEL (1967) analysierte u. a. die Phospholipide der Mikrosomenfraktion des Rattenhirns. Er fand einen recht hohen Anteil an Cardiolipin (4%), das sonst nur in der Mitochondrienfraktion nachgewiesen werden kann. Die Frage, ob sich die Phospholipidzusammensetzung verschiedener subzellulärer Organellen, vor allem von Mikrosomen und Mitochondrien unterscheidet, muß für die verschiedenen Organe und Gewebe unterschiedlich beantwortet werden. In der Leber besteht der wesentliche Unterschied in dem Vorhandensein von Cardiolipin in den Mitochondrien, das in den Mikrosomen nur in Spuren zu finden ist. In den Mitochondrien ist das Cardiolipin vor allem in der inneren Membran lokalisiert, wie STOFFEL und Mitarbeiter (1968) zeigten. Daneben soll nach GETZ und Mitarbeitern das Verhältnis Lezithin/Kephalin (Kephalin-Phosphatidyläthanolamin und Phosphatidylserin) in der Mikrosomenfraktion stets höher sein, als in den isolierten Mitochondrien. Im Nervengewebe unterscheidet sich dagegen nach BIRAN und Mitarbeiter die Verteilung der Phospholipide in Mikrosomen und Mitochondrien nicht wesentlich.

GLAUMANN und DALLNER analysierten die Phospholipidzusammensetzung mikrosomaler Subfraktionen mit der Frage, ob sich hier wesentliche Unterschiede finden, die für eine unterschiedliche Herkunft und Funktion der Elemente dieser Subfraktion sprechen könnten.

Tabelle 4

Analyse der Phospholipide der Mikrosomenfraktion einiger Säugerzellen (Bezugssystem: % der Gesamtphospholipide)

	Leber			Hepatom	Herz	Niere		Hirn	Pankreas		
Phospholipid	Ratte	Rind	Schaf	Ratte	Rind	Rind	Schaf	Ratte	Rind	Meer-schwein.	Taube
Phosphatidyl-cholin	44,6 (2) 47,5 (4) 60,0 (10) 60,2 (9) 61,3 (5)	57,3 (1)	61,3 (3)	52,2 (9)	35,2 (1)	32,8 (1)	33,3 (3)	43,0 (7)	53,0 (8)	50,3 (8)	54,0 (6)
Phosphatidyl-äthanolamin	11,3 (3) 15,0 (2) 19,0 (4,5) 21,0 (10) 24,0 (9)	24,5 (1)	13,8 (3)	30,0 (9)	30,2 (1)	25,2 (1)	12,5 (3)		21,4 (8)	17,8 (8)	26,0 (6)
Phosphatidyl-serin	1,6 (3) 4,7 (9) 2,2 (5) 7,8 (2) 8,5 (4)	3,8 (1)	5,6 (3)	6,4 (9)	3,0 (1)	9,7 (1)	5,6 (3)		4,3 (8)	4,4 (8)	10,0 (6)
Phosphatidyl-inositol	3,5 (5) 4,7 (3) 8,0 (2) 10,0 (4) 11,8 (9)	10,7 (1)	7,0 (3)	5,5 (9)	4,2 (1)	8,4 (1)	4,6 (3)	4,4 (7)	6,3 (8)	7,9 (8)	8,0 (6)

Fortsetzung der Tabelle 4

Phospholipid	Leber Ratte	Rind	Schaf	Hepatom Ratte	Herz Rind	Niere Rind	Schaf	Hirn Ratte	Rind	Pankreas Meer- schwein.	Tanbe
Sphingomyelin	5,0 (10) 5,2 (5) 5,8 (4) 9,8 (2)	3,8 (1)	3,9 (3)		13,6 (1)	24,0 (1)	22,5 (3)	6,5 (7)			
Plasmalogene	3,3 (3) 3,4 (9) 0,7 (5)		8,1 (3)	8,1 (9)			10,4 (3)		5,9 (8)	8,0 (8)	
Phosphatid-säuren	1,6 (2) 2,4 (3)		1,4 (3)				2,1 (3)				2,0 (6)
Cardiolipin	0,7 (3)		1,7 (3)				1,4 (3)	4,0 (7)			

Anmerkungen:
1) Nach D. CHAPMANN: Biological Membranes/Fact and Function Academic Press 1968, London—N. Y. S. 42—43
2) Nach DALLNER, G. u. a.: Biochem. Biophys. Res. Comm. **20**, 142 (1965)
3) Nach G. S. GETZ u. a.: Biochim. biophys. Acta **152**, 325 (1968).
4) Nach H. GLAUMANN u. a.: J. Lipid. Res. **9**, 720 (1968)
5) Nach M. I. GURR u. a.: Biochim. biophys. Acta **106**, 357 (1965)
6) Nach L. E. HOKIN u. a.: 1955
7) Nach P. MANDEL u. a.: Protoplasma LXIII, 110 (1967)
8) Nach C. PROTTEY u. a.: Biochem. J. **101**, 191 (1966)
9) Nach H. THEISE u. a.: Arch. Geschwulstforsch. **32**, 11 (1968)
10) Nach W. STOFFEL u. a.: Hoppe-Seyler's Z. Physiol. Chem. **349**, 1017 (1968)

In der Tabelle 5 sind die Ergebnisse zusammengestellt:

Tabelle 5

Die Phospholipidzusammensetzung mikrosomaler Subfraktionen (nach GLAUMANN und DALLNER)

Lipidphosphat:		
	Totallipide:	255 ± 18,1 µg/g Leber
	Rough-Fraktion:	111 ± 14,2 µg/g Leber
	Smooth I:	77 ± 5,5 µg/g Leber
	Smooth II:	19,8 ± 2,8 µg/g Leber

	Gesamt-mikrosomen	Rough-Fraktion	Smooth I-Fraktion	Smooth II-Fraktion
Gesamtlipide	100	100	100	100
P.-Cholin	47,5	47,0	46,4	45,5
P.-Äthanolamin	19,0	19,3	17,5	18,0
P.-Serin	8,5	7,1	8,0	7,5
P.-Inositol	10,0	10,1	11,1	7,6
Sphingomyelin	5,8	5,5	6,6	11,1

Bezugssystem: % der Gesamtmikrosomenphospholipide

Die Autoren fanden, daß in allen drei analysierten Fraktionen sowohl das Verhältnis Phospholipid/Protein = 0,40 war, als auch die Zusammensetzung der Phospholipide keine wesentlichen Unterschiede zeigte. Dagegen zeigten die Neutrallipide unterschiedliche Zusammensetzung in den analysierten Subfraktionen. Vor allem war der Anteil an freiem Cholesterin und an Triglyceriden, bezogen auf den Phospholipidgehalt, wesentlich höher in den glatten Subfraktionen, vor allem in der Subfraktion II, als in der ribosomenbesetzten Subfraktion.
Neben der Verteilung der Phospholipide interessiert die Analyse der phospholipidgebundenen Fettsäuren, die nach VAN DEENEN den molekularen Status einer biologischen Membran wesentlich mitbestimmen können. In der Tabelle 4 ist eine Fettsäureanalyse der mikrosomalen Lipide von Leberparenchymzellen der Ratte und des Hamsters sowie von Hepatomzellen zusammengestellt. Als wesentliche Fettsäuren lassen sich Palmitinsäure, Stearinsäure, Ölsäure, Linolsäure und Arachidonsäure nachweisen. Wie der Vergleich der Analysen von Rattenlebermikrosomen durch THEISE und Hamsterlebermikrosomen durch CHAFFEE zeigt, sind diese wichtigsten Fettsäuren mit Ausnahme der in Hamsterleber vermehrt nachgewiesenen Linolsäure erstaunlich konstant verteilt. Auch in den Hepatommikrosomen bleibt diese Verteilung erhalten. Hier steigt lediglich der Ölsäuregehalt an, was für Phospholipide aus Tumorgeweben charakteristisch sein soll (THEISE). Nach STOFFEL und SCHIEFER (1968) sowie auch GURR und Mitarbeiter (1965) unterscheidet sich die Fettsäurezusammensetzung der Phospholipide Phosphatidylcholin und Phosphatidyläthanolamin in Mikrosomen nicht von der anderer zellulärer Organellen, wie z. B. den Mitochondrien.

Neben einer Analyse der Zusammensetzung der mikrosomalen Lipide ist die Analyse des metabolischen Durchsatzes (Turnover) der einzelnen Teillipide wichtig, da hier Zusammenhänge zu Funktionsabläufen am endoplasmatischen Retikulum erkennbar werden. Redman und Hokin (1959) fanden einen gesteigerten Lipidturnover in mikrosomalen Membranen der exokrinen Pankreaszellen, wenn diese

Tabelle 6

Fettsäurezusammensetzung der Mikrosomenfraktion von Leber und Hepatom

1. Lebermikrosomen (nach Theise und Chaffee)

Fraktion <	16:0	16:0	16:1	17:0 17:1	18:0	18:1	18:2	18:3	20:4	22:6	Sonstiges
Gesamtlipide											
a) Ratte	2,2	24,0	3,8	3,2	13,3	16,7	7,2	—	11,3	9,5	8,8
b) Hamster		23,3	3,2		15,3	19,1	23,6	1,5	12,4	—	1,6
Phosphatfreie											
Lipide	1,8	29,0	6,0	3,8	5,2	28,0	7,8	—	4,7	5,0	8,7
Phosphatide	2,5	19,0	1,6	2,5	21,4	5,4	6,5	—	18,0	14,0	9,1

2. Hepatommikrosomen (Diäthylnitrosamin-induziert und transplantiert gewachsen)

Gesamtlipide	2,2	23,0	3,0	1,1	13,3	25,0	11,5	—	10,0	3,6	7,3
Phosphatfreie											
Lipide	1,8	24,0	4,0	1,0	6,2	31,0	13,0	—	5,3	2,7	11,0
Phosphatide	2,5	19,0	1,5	1,2	20,3	17,3	10,0	—	15,0	4,4	8,8

Abkürzungen: 16:0 = Palmitinsäure
16:1 = Palmitoleinsäure
17:0 + 17:1 = Heptadekan- und Heptadekensäure
18:0 = Stearinsäure
18:1 = Ölsäure
18:2 = Linolsäure
18:3 = Linolensäure
20:4 = Arachidonsäure
22:6 = Clupanodonsäure

zu einer gesteigerten Synthese von Enzymen induziert wurden. Hokin und Hokin (1965) fanden, daß ^{32}P und ^{3}H-Glycerin vermehrt in die Lipide der Mikrosomen exokriner Pankreaszellen eingebaut wurden, wenn diese im Gewebeschnitt in vitro durch Einwirkung von Azetylcholin oder Pankreozymin zu einer vermehrten Zymogensynthese angeregt wurden. Dabei erfolgte der Einbau vorrangig in Phosphatidylinositol und Phosphatidyläthanolamin neben Phosphatidsäuren, die als Zwischenprodukte in der Synthese der obengenannten Phospholipide auftreten. Phosphatidylcholin zeigte keine erhöhte Markierung, d. h. sein Durchsatz war nicht wesentlich verändert. Gurr, Prottey und Hawthorne (1965) fanden an normalen Lebermikrosomen, daß vor allem Phosphatidyläthanolamin gefolgt von Phosphatidylcholin einen erhöhten Durchsatz zeigten, nicht jedoch Phosphatidylserin. Die Durchsatzraten waren dabei in regenerierender Leber nach Teilhepatektomie nicht wesentlich verändert. Im Rattenhirn fanden MANDEL und NUSSBAUM (1967) einen sehr geringen Durchsatz von Sphingomyelin in Mikrosomen und Mitochondrien. GLAUMANN und DALLNER (1968) untersuchten den metabolischen Durchsatz der Lipide in mikrosomalen Subfraktionen der Rattenleber. Sie fanden einen schnellen Einbau von ^{3}H-Glycerin in die Lipide der ribosomenbesetzten Membranen und in die glatte Subfraktion I, nicht jedoch in die glatte Subfraktion II. Ebenso war der Einbau von ^{32}P in die Phospholipide der genannten Subfraktionen verteilt. Dagegen war der Einbau von ^{14}C-Acetat in freies Cholesterin der glatten Subfraktion I nur halb so hoch, wie in das freie Cholesterin der ribosomenbesetzten Membranen und die glatte Subfraktion II. Die Verfasser fanden dabei einen besonders hohen ^{32}P-Einbau in Phosphatidylcholin und Phosphatidyläthanolamin, der gleichmäßig stark in allen drei mikrosomalen Subfraktionen auftrat. Behandelten sie ihre Versuchstiere mit Phenobarbital vor, das zu einer Fermentinduktion und zu einem Anstieg des endoplasmatischen Retikulums in den Leberparenchymzellen führt, so sahen sie einen Anstieg in der Phospholipidkonzentration in den ribosomenbesetzten Membranen und in der glatten Subfraktion I, nicht jedoch in der glatten Subfraktion II. Ebenso stieg der Gehalt an Triglyceriden und Cholesterin in der ribosomenbesetzten und der glatten Subfraktion I, nicht jedoch in der glatten Subfraktion II an. WIRTZ und ZILVERSMIT (1969) konnten einen Phospholipidaustausch zwischen Mikrosomen und Hyaloplasma in entsprechenden isolierten Systemen nachweisen, der vor allem das Phosphatidylcholin betraf. Dieser Austausch erwies sich als ein temperaturabhängiger Prozeß, der durch einen initiierenden Faktor mit Proteincharakter aus dem Hyaloplasma gesteuert wird.

Bei einer Beurteilung dieser Durchsatzmessungen muß man jedoch beachten, daß sich hier nicht nur der Durchsatz in den Strukturlipiden der endoplasmatischen Membranen darstellt. An die Mikrosomen ist ein Teil der Phospholipidsynthese für die gesamte Zelle gebunden, ebenso werden hier die Lipide für den Export (in der Leber z. B. Plasmalipoproteide) synthetisiert. Wie die Synthese nichtmikrosomaler Lipide mit dem Durchsatz der mikrosomalen Strukturlipide korreliert ist, ist bisher nicht bekannt.

Wie bereits durch die Untersuchungen von GLAUMANN und DALLNER gezeigt wurde, erfahren die mikrosomalen Lipide bei funktioneller Belastung Änderungen. Während der postnatalen Periode nimmt sowohl der Gesamtlipidgehalt der Leber zu als auch der Gehalt an Phospholipiden in der Mikrosomenfraktion. SIGIMURA und Mitarbeiter (1966) analysierten den Lipid-Phosphatgehalt in Mikrosomen aus embryonaler und normaler Leber. Gegenüber der normalen Leber ($12{,}4 \pm 4{,}0$ µg/mg Mikrosomenprotein) zeigten embryonale Lebern in ihrer Mikrosomenfraktion einen niedrigeren Gehalt an Lipid-Phosphat ($5{,}4 \pm 3{,}4$ µg/mg Mikrosomenprotein). HAUDE und GOETZE (1967) sowie bereits MILLER und CORNATZER (1966) zeigten, daß die Synthese der Phospholipide in der Leber nach der Geburt ständig ansteigt, wobei es zu einem steigenden Gehalt an Phospholipiden in den

Mikrosomen kommt. Wie MILLER und CORNATZER zeigen konnten, nimmt dabei kurz vor der Geburt vor allem der Gehalt an Phosphatidylcholin, nach der Geburt der Gehalt an Phosphatidyläthanolamin und Phosphatidylinositol zu. Im Verhältnis steigt jedoch während der Entwicklung die Synthese aller Phospholipide gleichmäßig an. Der Lipidgehalt in der Mikrosomenfraktion der Leber erwachsener Tiere ist besonders durch Fermentinduktion zu beeinflussen. ORRENIUS, ERICSON und ERNSTER (1965) zeigten, daß als erstes Zeichen einer Fermentinduktion nach einer Phenobarbitalinjektion der Einbau von ^{32}P in die Phospholipide von Lebermikrosomen um das Zwei- bis Sechsfache steigt. Danach kommt es zu einer Zunahme der gesamten Mikrosomenfraktion, u. a. auch zu einer Zunahme des absoluten Gehaltes an mikrosomalen Lipiden. Wie HOLTZMAN und GILLETTE (1966) zeigten, ist an der Zunahme nicht nur eine vermehrte Synthese, sondern auch ein verzögerter Abbau der mikrosomalen Lipide beteiligt. GLAUMANN, VAN DER DECKEN und DALLNER wiesen nach, daß es nach einer Phenobarbitalgabe (5 × 80 mg/kg) vor allem zu einem Anstieg der Phospholipide in den ribosomenbesetzten Membranen und in der glatten mikrosomalen Subfraktion I, nicht jedoch in der glatten Subfraktion II kommt. Dagegen nahm der Gehalt an Cholesterin bezogen auf die Phospholipide, vor allem in den beiden ribosomenfreien, glatten mikrosomalen Subfraktionen zu. MORIN (1966) konnte zeigen, daß nach einer mehrwöchigen Vorbehandlung mit 3-Methyldimethylaminoazobenzol, das zur Bildung von Hepatomen in den Lebern führt und das im elektronenoptischen Bild zunächst ähnlich wie nach einer Phenobarbitalvorbehandlung, einen Anstieg des glatten endoplasmatischen Retikulums in den Leberparenchymzellen bewirkt, kein Anstieg der Hauptphospholipide, Phosphatidylcholin und Phosphatidyläthanolamin zu verzeichnen ist, daß sich aber deren Fettsäuregehalt ändert. Unter einer fettfreien und einer cholesterinhaltigen Diät nimmt der Anteil an Ölsäure in diesen Phospholipiden zu, derjenige an Stearinsäure ab. Dabei zeigte sich nach einer Injektion von ^{14}C-Stearat und ^{14}C-Oleat kurz vor der Präparation ein erhöhter Durchsatz der Stearinsäure in den Phospholipiden, während der Ölsäuredurchsatz geringer war und zu einem konstanteren Gehalt an markierter Ölsäure in den Mikrosomenphospholipiden führt, was sich dann auch in einem absoluten Anstieg des Ölsäuregehaltes zeigte. Wie VAN GOLDE und VAN DEENEN (1966) nachwiesen, ist der Fettsäuregehalt und vor allem die Zusammensetzung der Phospholipidfettsäuren in den Mikrosomen, wie in anderen biologischen Membranen auch, weitgehend von der Zusammensetzung der Nahrung abhängig. So führte die Verfütterung von Kokosnußöl und „corn-oil" zu einer Änderung in der Fettsäurezusammensetzung des Phosphatidylcholins in allen Organellen, u. a. auch in den Mikrosomen. Gleichlautende Befunde liegen von anderen Untersuchern vor, die sich aber meist auf die Analyse der Gesamtlipide der untersuchten Organe beziehen und daher für die spezielle Aussage über eine Änderung der Lipidverhältnisse in den Mikrosomen weniger beweiskräftig sind. Daß jedoch nicht nur die Diät zu einer Änderung der Fettsäurezusammensetzung in den analysierten mikrosomalen Lipiden führt, beweist eine Mitteilung von CHAFFEE, PLATNER, PATTON und JENNY (1968), die nach einer Kältebehandlung von Goldhamstern eine Zunahme der Ölsäure und eine Abnahme der Palmitinsäure in mikrosomalen und mitochondrialen Phospholipiden nachwiesen. Will man die Änderungen in den mikrosomalen Lipiden bei den hier gezeigten funktionellen Belastungen diskutieren, so muß man sich am ehesten der Meinung von VAN DEENEN anschließen, der nachwies, daß auch die Fettsäurezusammensetzung der Strukturlipide biologischer Membranen deren aktuelle Molekularstruktur bestimmen. Daß diese Molekularstruktur mit der Funktion zu wechseln scheint, haben wir bereits besprochen. So scheint es möglich, daß sich u. a. durch eine Änderung in der Fettsäurezusammensetzung die Molekularstruktur mikrosomaler Membranen der funktionellen Belastung anpaßt. Für diese Hypothese spricht auch die Beobachtung, daß einige lebertoxische Substanzen, wie z. B. halogenierte Kohlenwasserstoffe, zu einer selektiven Zerstörung mehrfach ungesättigter Fettsäuren in den Strukturphospholipiden der mikrosomalen Membranen der Leberparenchymzelle führen. Tetrachlorkohlenstoff führt zu einer Zerstörung des endoplasmatischen Retikulums in der Leberparenchymzelle und zu anderen Strukturläsionen, z. B. an den Mitochondrien. Wie GOSHAL und RECKNAGEL (1965, 1967) diskutieren, entsteht aus dem Tetrachlorkohlenstoff im Verlaufe seiner Verstoffwechslung unter der Abspaltung eines Chloratoms ein freies Radikal, das zu einer Peroxydation mehrfach ungesättigter Fettsäuren in den Phospholipiden der mikrosomalen Membranen und in anderen biologischen Membranen führt. Unter Abspaltung von Malondialdehyd kommt es zu einer teilweisen Abtrennung der genannten Fettsäuren. Dadurch bricht die Molekularstruktur der Membran zusammen, was mit einer Reihe wesentlicher Funktionsausfälle einhergeht. Tatsächlich wiesen RECKNAGEL und GOSHAL (1966) nach, daß 90 Minuten nach einer Tetrachlorkohlenstoffgabe der Gehalt an Arachidonsäure in den Lebermikrosomen auf 80%, nach 24 Stunden auf 66% des ursprünglichen Gehaltes absinkt. Die Autoren diskutieren, daß die mehrfach ungesättigten Fettsäuren der Strukturlipide auch in der normalen Leber durch freie Radikale attackiert werden, diese jedoch durch vorhandene Radikalfänger, wie z. B. SH-Verbindungen, α-Tokopherol usw., vor einer Peroxydation geschützt werden. LUMPER, PLOCK und STAUDINGER (1968) sowie auch BARBER und Mitarbeiter (1966) halten jedoch auf Grund eingehender Untersuchungen einen Schutz der ungesättigten Fettsäuren durch zytoplasmatische Faktoren für unmöglich. Es ist bisher noch nicht gelungen, in vivo Lipidperoxyde nachzuweisen, trotzdem auch der normale Sauerstoffdruck in der Zelle ausreichen würde, eine Lipidperoxydation ablaufen zu lassen (LUMPER, PLOCK und STAUDINGER). Da jedoch eine ganze Reihe von Autoxydantien (Radikalfänger, wie SH-Verbindungen, Phenothiazine, Tokopherol u. a.) vor den Folgen einer Tetrachlorkohlenstoffvergiftung schützen können, muß man der Hypothese von RECKNAGEL (1967) zustimmen, was auch bedeutet, daß man der Lipidperoxydation in den mikrosomalen Membranen eine Rolle im physiologischen Geschehen zusprechen muß. Daß die Lipidperoxydation Folge und nicht Ursache eines Gewebeunterganges ist, konnten HOCHSTEIN und Mitarbeiter (1964) und BELLOFF-CHAIN und Mitarbeiter (1965) dadurch beweisen, daß sie nach Erhitzen von Lebermikrosomen auf 50 °C und darüber hinaus ein völliges Sistieren der Sauer-

stoffaufnahme und der Lipidperoxydation sahen. Das deutet an, daß im Stoffwechsel der Mikrosomen selbst Voraussetzungen für eine Peroxydation geschaffen werden. Eigentümlicherweise vermag eine Präinkubation der Mikrosomen mit ADP die Peroxydation der Fettsäuren zu hemmen, wie LUMPER, PLOCK und STAUDINGER zeigen konnten. Dieser Effekt konnte durch die Autoren nicht erklärt werden, deutet jedoch auf Zusammenhänge zu unseren Ergebnissen hin, die dem ATP und dessen Folgeprodukten (ADP, AMP) im Zytoplasma eine Rolle bei der molekularen Strukturierung der mikrosomalen Membranen zusprechen. Das kann für eine Lipidperoxydation möglicherweise eine Rolle spielen. Inwieweit Lipidoxyde eine direkte destruierende Wirkung auf die Proteinkomponente der Membranen haben, soll später diskutiert werden.
Die Frage, ob sich die Lipidzusammensetzung der verschiedenen Anteile des endoplasmatischen Retikulums unterscheidet, ist bisher nicht sicher zu beantworten. STADLER und KLEINIG wiesen darauf hin, daß die Kernmembran von Leberparenchymzellen einen höheren Gehalt an ungesättigten Fettsäuren in ihren Phospholipiden hat, als die zytoplasmatischen Anteile. Das würde eine höhere Stabilität der Kernmembran bedeuten. Jedoch konnte hier, wie bei anderen Untersuchungen auch, der miterfaßte Anteil anderer Membrananteile des endoplasmatischen Retikulums nicht sicher abgegrenzt werden.

3.2. Die Analyse der mikrosomalen Proteine

In der Mikrosomenfraktion befinden sich nach Abzug der ribosomalen Proteine neben membraneigenen noch Proteine und Peptide, die am endoplasmatischen Retikulum synthetisiert werden und hier teils noch haften, teils aber auch vektoriell in den Raum zwischen die Membranen des endoplasmatischen Retikulums sezerniert werden und so in der Mikrosomenfraktion in den mikrosomalen Vesikeln nachzuweisen sind. Zum anderen finden sich hier aber auch Proteine, die aus dem Hyaloplasma an die Elemente des endoplasmatischen Retikulums adsorbiert werden und bei einer einfachen Trennung in der Zentrifuge teilweise an den Mikrosomen verbleiben. Diese mikrosomalen Fremdproteine müssen bei der Analyse der membraneigenen Proteine ausgeschlossen werden. Das ist bereits durch eine wiederholte Waschprozedur der Mikrosomenfraktion möglich, soweit es sich um Fremdproteine handelt, die nicht in den intravesikulären Raum eingeschlossen sind. Diese werden erst freigesetzt, wenn die Membranen der mikrosomalen Vesikel durch ein Netzmittel zerstört werden. Da bei dieser Prozedur jedoch die membraneigenen Proteine ebenfalls aus der Membranstruktur gelöst werden, ist eine Trennung der eingeschlossenen Fremdproteine von den membraneigenen Proteinen über diesen Weg nicht möglich. Vergleichende Studien haben ergeben, daß besonders solche Zellen neusynthetisierte Fremdproteine im intravesikulären Raum des endoplasmatischen Retikulums haben, die Proteine extrazellulär sezernieren, wie z. B. die Leberparenchymzellen. Das endoplasmatische Retikulum aus den Ganglienzellen des Gehirns weist dagegen kaum solche eingeschlossenen Fremdproteine auf, da diese Zellen keine Proteine in den Extrazellulärraum sezernieren. Neben den an die Außenseite des endoplasmatischen Retikulums adsorbierten Proteinen aus dem Hyaloplasma, die man durch wiederholte Waschungen entfernen kann, sind unfertige Peptidketten an ribosomenbesetzten Membranen durch eine Behandlung mit Puromycin abzulösen, das die Peptidsynthese unterbricht und zur Ablösung der Teilpeptide führt. Die meisten Analysen stammen von ribosomenfreien, mehrfach gewaschenen Mikrosomen oder Mikrosomenfraktionen der Leberparenchymzelle. Vorhandene Fremdproteine können daher bei der Gesamtanalyse der mikrosomalen Proteine meist nicht ausgeschlossen werden. Bei der Analyse der mikrosomalen Strukturproteine oder membrangebundener Enzymaktivitäten, werden Fremdproteine nicht miterfaßt und können daher vernachlässigt werden.

In einigen Untersuchungen wurde die „Turnover"-Rate der Proteine der glatten endoplasmatischen Membranen gemessen. Solche Untersuchungen bestätigen, daß das endoplasmatische Retikulum ein dynamisches System innerhalb der Zelle ist, das sehr schnell Form und Ausbildung wechseln kann. ARIAS, DOYLE und SCHIMKE (1969) fanden so unter Verwendung von ^{14}C-Arginin und ^{14}C-Guanidino-Arginin in Rattenleberzellen eine Halbdurchsatzzeit von $\sim$48 Stunden für das Gesamtprotein endoplasmatischer Membranen.

3.2.1. Die Aminosäureanalyse der mikrosomalen Membranproteine

In der Tabelle 7 sind zwei Aminosäureanalysen von glatten endoplasmatischen Membranen und eine Analyse von ribosomenbesetzten endoplasmatischen Membranen zusammengestellt. Während MANGANIELLO und Mitarbeiter die Mikrosomenmembranen nach der Methode nach MOULÉ-CHAVEAU (1960) präpariert haben, sind die Präparationen von LÖWE und Mitarbeitern (1969) nach der Methode von DALLNER präpariert. Die Ergebnisse beider Analysen stimmen insoweit überein, als die Relationen der einzelnen Aminosäuren zueinander bei beiden Autorengruppen die gleichen sind. Das freie Ammoniak entsteht durch eine Zerstörung von einzelnen Aminosäuren während der sauren Hydrolyse im Verlaufe der analytischen Präparation. Wie die Tabelle 7 zeigt, finden sich zwischen glatten und ribosomenbesetzten Membranen keine wesentlichen Unterschiede in der Aminosäurezusammensetzung. Fremdproteine, die an die analysierten Fraktionen adsorbiert sind, können weitgehend ausgeschlossen werden, nicht jedoch die in den intralamellären Raum eingeschlossenen Proteine, wie bereits erläutert wurde.

3.2.2. Strukturproteine der mikrosomalen Membranen

GREEN und Mitarbeiter (1961) beschrieben erstmals ein Strukturprotein aus Mitochondrienmembranen des Rinderherzens. Dieses Strukturprotein macht ungefähr 30% des Gesamtproteines in Mitochondrien aus; es hat ein Molekulargewicht von 20000–25000 und keine katalytischen Funktionen. Das Strukturprotein garantiert nach der Meinung von GREEN nicht nur die Struktur der Mitochondrienmembranen, sondern hält mitochondriale Funktionsproteine in

Tabelle 7

Aminosäureanalyse endoplasmatischer Membranen der Leberparenchymzellen (Rattenleber) Bezugssystem: Mol pro 100 Mol Gesamteinwaage

Aminosäure	glatte Membranen Analyse nach MANGANIELLO et al.	Analyse nach LÖWE et al.	ribosomenbesetzte Membranen (nach Abzug der Ribosomenproteine) nach MANGANIELLO et al.
Lysin	6,34	6,68	6,49
Histidin	—	2,61	—
Arginin	3,59	4,44	3,68
Cysti-SO_3H	0,06	—	0,114
Asparagin	9,55	7,39	8,81
Threonin	5,37	2,53	4,44
Serin	4,37	1,85	3,71
Glutamin (sr.)	10,56	8,56	9,74
Prolin	6,59	5,63	5,22
Glycin	7,32	6,57	6,97
Alanin	7,19	6,20	7,15
Valin	6,46	5,27	6,62
Isoleuzin	4,70	3,88	4,35
Leuzin	9,92	8,15	8,77
Tyrosin	—	1,27	—
Phenylalanin	2,82	3,28	2,24
NH_3	15,30	23,80	22,40

einer optimalen Molekularstruktur und in optimalen Molekülkomplexen zusammen. Dieses Strukturprotein ist unter physiologischen Bedingungen unlöslich und geht mit Phospholipiden über hydrophobe Wechselwirkungen Komplexbildungen ein. Mit den Untersuchungen von RICHARDSON, HULTIN und GREEN (1963) wurde dann erstmals gezeigt, daß Strukturproteine nicht nur in Mitochondrien nachweisbar sind, sondern auch in anderen biologischen Membranen. Außer in Mitochondrien fanden RICHARDSON u. a. auch in Mikrosomenmembranen der Rinderleber, in Zytoplasmamembranen von Erythrozyten und in Chloroplastenmembranen Proteine mit ähnlichem Charakter. Diese Befunde wurden bestätigt und durch andere Untersucher ergänzt. So konnten MIYAJIMA u. a. aus Rattenlebermikrosomen ein Glukoprotein isolieren, das in der Gelfiltration und immunologisch einheitlich war und von den Autoren als Strukturprotein angesprochen wurde. Als Zuckerkomponente fanden sich Mannose, Galaktose, Glucose, Glucosamin, Galaktosamin sowie Sialinsäure. Die Zuckerverteilung erwies sich als membranspezifisch. Insgesamt war die Zuckerkomponente 1,5% des Gesamtmoleküls. GOT, POLYA u. a. (1964) beschrieben eingehend ein Strukturprotein aus Hirnmikrosomen von Schafen. Nach Zerstörung der mikrosomalen Membranen mit Netzmitteln fanden sie in dem löslichen Überstand ein Protein, das sehr leicht polymerisiert und dessen Monomeres ein Molekulargewicht von ca. 20000 hat. Dieses Protein bildet mit Phospholipiden Komplexe, ähnlich wie das von dem mitochondrialen Strukturprotein bekannt ist. Wie das mikrosomale vermag auch das mitochondriale Strukturprotein ATP zu binden. In späteren Studien (1966, 1967) wiesen GOT und POLYA nach, daß Strukturproteine aus glatten und ribosomenbesetzten endoplasmatischen Membranen identisch sind und daß sie darüber hinaus auch mit den Strukturproteinen aus Mitochondrien sehr viel Gemeinsamkeiten haben. Das farblose Protein ist wasserunlöslich, jedoch löslich in Detergentien und läßt sich in Aggregaten von einem Molekulargewicht zwischen 100000 bis 300000 präparieren. Diese Komplexe depolymerisieren unter der Einwirkung des Giftes von *Crotalus adamantus*, das reichlich Phospholipase A, aber auch Proteinasen enthält. Aus so behandelten Präparationen lassen sich Proteine von einem Molekulargewicht zwischen 15000 bis 30000 isolieren, die wahrscheinlich das Monomere des Strukturproteins darstellen. GREEN wies in einer neueren Studie an Mitochondrienproteinen darauf hin, daß die Strukturproteine von Membranen eine universelle Proteinklasse des Organismus darstellen, ähnlich wie es z. B. die γ-Globuline auch sind. Von dieser universellen Proteinklasse gibt es zahlreiche Strukturvarianten, die sich jeweils durch wechselnde Liganden in ihrer Struktur unterscheiden. Mit der Methode der Messung des Circulardicroismus lassen sich in wechselndem Ausmaß random-coil, β-helicale, α-helicale und andere helicale Sekundärstrukturen nachweisen. Einheitlich scheint jedoch das Monomere der Strukturproteine in seinen helicalen Strukturbereichen hydrophob zu sein. Diese grundsätzlichen Befunde von GREEN sollen auch für andere, also auch für mikrosomale Strukturproteine gelten. Doch bedarf dieser Befund noch eines weiteren experimentellen Beleges, zumal WARD und POLLAK (1969) diese prinzipielle Aussage nicht bestätigen konnten. Diese Autoren untersuchten kürzlich die elektronenoptischen Eigenschaften von Strukturproteinen aus Rattenlebermikrosomen, die sie auf drei unterschiedliche Arten gewannen. Dabei zeigte das mikrosomale Strukturprotein zwar ähnliche Eigenschaften, wie gleiche Präparationen aus Mitochondrien (unlöslich in neutralem pH, Bindung von Phospholipiden u.s.w.), war jedoch in der Polyacrylamidgelelektrophorese signifikant von dem mitochondrialen Strukturprotein zu unterscheiden.

3.2.3. Mikrosomale Enzymproteine

Ein Großteil mikrosomaler Proteine sind Enzyme. Man findet drei Gruppen: Die erste Gruppe von Enzymen ist fest an die Membranstruktur des endoplasmatischen Retikulums gebunden. Die Membranstruktur garantiert dabei wesentlich die Molekülstruktur der Enzyme, so daß diese, wenn sie von der Membran abgelöst werden, meist einen erheblichen Aktivitätsabfall, ja sogar einen völligen Aktivitätsverlust zeigen. Eine zweite Gruppe mikrosomaler Enzyme ist locker an die Membran gebunden. Auch hier scheint die Proteinstruktur teilweise durch die Bindung an die Membran stabilisiert zu werden. Jedoch lassen sich die Vertreter dieser Gruppe relativ leicht von den Membranen ablösen und zeigen auch im freien Zustand eine oft wenig veränderte enzymatische Aktivität. Zu einer dritten

Gruppe sind Enzyme zu rechnen, die im Vesikellumen vorliegen und an keine höheren Molekülkomplexe und Strukturen gebunden sind. In der Zelle sind sie im Raum zwischen den endoplasmatischen Membranlamellen oder in endoplasmatischen Vesikeln und Tubuli lokalisiert. Zu dieser Gruppe gehört z. B. die Amylase in den Pankreaszellen, die nach Zerstörung der endoplasmatischen, oder in der isolierten Fraktion, der mikrosomalen Membranstrukturen in die lösliche Phase freigesetzt wird, in der sie eine unveränderte Aktivität zeigt. Für diese Enzyme stellt das endoplasmatische Retikulum einen Kompartimentierungsraum in der Zelle dar; sie gehören jedoch nicht in jedem Fall zur Funktionseinheit des endoplasmatischen Retikulums.
Die wichtige Frage, ob die fest an die Membranstruktur gebundenen Enzyme dem Molekülverband der Membran zuzurechnen sind oder ob sie nur an die Membran angelagert sind, läßt sich heute noch nicht sicher beantworten. Es gibt wichtige Hinweise dafür, daß einige Enzyme direkt in den Molekülverband der Membranen eingebaut sind und so als Membranproteine aufgefaßt werden müssen. Für diese Annahme spricht auch ein Vergleich mit den molekularen Strukturen der Mitochondrien, in denen nach den Ergebnissen von Green Enzymkomplexe mit Heteromolekülen die Membranstrukturen bilden. In der anschließenden Tabelle 8 sind eine Reihe von Enzymaktivitäten mikrosomaler Membranen zusammengestellt, von denen jedoch nur ein Teil membraneigenen Enzymproteinen zuzurechnen ist.

3.2.3.1. Die Enzyme der mikrosomalen Redoxketten

Die Membranen des endoplasmatischen Retikulums sind ebenso wie die Mitochondrien Träger von Enzymen, die sich zu Redoxketten zusammenfügen. Diese mikrosomalen Redoxketten zeigen einen ebenso großen, teilweise sogar einen höheren Elektronenfluß wie die mitochondriale Atmungskette. Als Wasserstoffdonatoren dienen hier NADH und NADPH. Dabei geht der Elektronenfluß einmal von NADH zum Cytochrom b_5, das wiederum im isolierten System Cytochrom c reduzieren kann. Da das Cytochrom c jedoch in der Zelle fest an die Mitochondrienstruktur gebunden ist, kann es nicht als natürlicher Elektronenakzeptor für das Cytochrom b_5 angesehen werden. Die eigentlichen Elektronenakzeptoren für die NADH-abhängige, mikrosomale Elektronentransportkette sind bisher nicht bekannt. Oshino und Imai (1971) wiesen auf die Funktion des Cytochrom b_5 für die Fettsäureoxydation in Rattenlebermikrosomen hin. Eine weitere Elektronentransportkette ist vom NADPH als Wasserstoffdonator abhängig. Der Elektronentransport geht hier über ein Flavoprotein auf das CO-bindende Pigment, das wiederum unter Mitwirkung molekularen Sauerstoffs eine Hydroxylierung bzw. oxydative Demethylierung körpereigener und fremder Stoffe kataly sieren kann. Während zunächst angenommen wurde, daß beide mikrosomalen Elektronentransportketten untereinander keine Verbindung haben und auch unabhängig voneinander verschiedenen Funktionen zu dienen scheinen, mehren sich

Tabelle 8

Enzymaktivitäten in Mikrosomen der Leber
Nach Reid aus Roodyn, D. B: "Enzyme Cytology" Academic Press 1967
London — New York

Enzyme	% der mikrosomalen Aktivität in bezug auf die Aktivität des Gesamthomogenates	Autoren
L-Aminosäureoxidase		Struck und Sizer 1960: Arch. Biochem. **90**, 22
Aryl-4-hydroxylase	100%	Booth und Boyland 1957: Biochem. J. **66**, 73
Ascorbatbildende Systeme		Kanfer et al. 1959: Biochim. biophys. Acta **31**, 556
Azofarbstoff-Reduktase		Emanoil-Ravicovitch und Herrison-Caret 1963: Bull. Soc. Chim. biol. **45**, 989
Katalase	14%	Higashi und Peters 1963: J. biol. Chem. **238**, 3945
Cystinreduktase		Myers und Worthen 1961: Fed. Proc. **20**, 218
Desmosterolreduktase	35%	Arignon und Steinberg 1961
Diaphorasen-NAD_2; $NADH_2$		u. a. Reid 1961: Biochim. biophys. Acta **49**, 218 de Duve et al. 1962: Adv. Enzym. **24**, 291 Ernster et al. 1962: J. Cell. Biol. **15**, 563
Glucoronolactonreduktase		Suzuki et al. 1960: J. Biochem. Tokyo **47**, 846
β-Hydroxy-β-methylglutaryl-CoA-Reduktase		Bucher et al. 1960: Biochim. biophys. Acta **40**, 491
Lipidperoxydierendes System (ATP-aktivierbar; an die $NADPH_2$-Oxidase gekoppelt)		Hochstein und Ernster 1964: "Cellular Injury", Ciba Found. Symp. S. 123, J. & A. Churchill London Strittmatter und Velick 1956
$NADH_2$-Cyt. C-Reduktase	62%	de Duve et al. 1955: Biochem. J. **60**, 604 Ernster et al. 1962: J. Cell. Biol. **15**, 563
$NADPH_2$-Cyt. C-Reduktase	64%	Philipps und Langdon 1962: J. biol. Chem. **237**, 2652 Ernster et al. 1962: J. Cell. Biol. **15**, 563

1. Fortsetzung der Tabelle 8

Enzyme	% der mikrosomalen Aktivität in bezug auf die Aktivität des Gesamthomogenates	Autoren
$NADPH_2$-Oxidase		GILETTE et al. 1957: J. Pharmac. exp. Therap. **119**, 532
Stearat-dehydrogenierendes System		MARSH und JAMES 1962: Biochim. biophys. Acta **60**, 320
Steroidreduktase		TOMKINS 1959: Ann. N. Y. Acad. Sci: **82**, 836
Sulfitoxidase	75%	Mc LEOD et al. 1961: J. biol. Chem. **236**, 1851 BAXTER et al.: 1958: Biochim. biophys. Acta **27**, 584
3-Acylgylcerophosphorylcholin-acyltransferase		LANDS und MECKL 1963: J. biol. Chem. **238**, 898
CDP-Cholin: 1,2-diglycerid-cholinphosphotransferase	50%	SCHNEIDER 1963: J. biol. Chem. **238**, 3572
CDP-Cholin: 1,2-diglycerid-cholinphosphotransferase	97%	WILGRAM und KENNEDY 1963: J. biol. Chem. **238**, 2615
Diglyceridacyltransferase	84%	WILGRAM und KENNEDY 1963: J. biol. Chem. **238**, 2615
Glycerolphosphatacyl-transferase		KORNBERG und PRICER: 1954 J. biol. Chem. **204**, 345 STEIN et al.: 1957 Biochim. biophys. Acta **26**, 1256
Phenylphosphat: Cytidin-phosphotransferase		BRAWERMAN und CHARGAFF: 1955 Biochim. biophys. Acta **16**, 524
Phosphatidylinositolkinase		MITCHELL und HAWTHORNE: 1965 Biochim. biophys. Res. Comm. **21**, 333
Pyrophosphat: Glucosephospho-transferase		NORDLIE und ARION: 1964 J. biol. Chem. **239**, 1680 STETTEN: 1964 J. biol. Chem. **239**, 3576
Transmethylasen zu Phosphatiden oder anderen Akzeptoren		BREMER und GREENBERG: 1961 Biochim. biophys. Acta **46**, 205; 217 COOKSEY und GREENBERG: 1961 Biochim. biophys. Res. Comm. **6**, 256
UDP-glucose: glycogen-glycosyl-transferase		LELOIR und GOLDEMBERG: 1960 J. biol. Chem. **235**, 919 LUCK: 1961 J. biophys. biochem. Cytol. **10**, 195

2. Fortsetzung der Tabelle 8

Enzyme	% der mikrosomalen Aktivität in bezug auf die Aktivität des Gesamthomogenates	Autoren
UDP-glucoronyltransferase	hoch	DUTTON und STOREY: 1956 Biochem. J. **57**, 275 STROMINGER et al.: 1957 J. biol. Chem. **224**, 79
Alkalische Phosphatase	42%	ALLARD et al.: 1957 Cancer Res. **17**, 862
Amylase	52%	BROSEMER und RUTTER: 1961 J. biol. Chem. **236**, 1253
Arginase	41%	ROSENTHAL et al.: 1956 J. biol. Chem. **223**, 469
Arylsulphatase C	62%	DODGSON et al.: 1955 Biochem. J. **59**, 29
ATPase		NOVIKOFF et al.: 1953 J. Histochem, Cytochem. **1**, 27
N-Deacylase („Esterase")		KRISCH: 1963, Biochem. Z. **337**, 531 REMMER: 1962, "Enzymes and Drug Action", S. 398, Ciba Fond. Symp. J. & A. Churchill London
Azetylcholinesterase	46–62%	GONTIER und GONTIER: 1955 Biochim. biophys. Acta **16**, 366 UNDERHAY et al.: 1956 J. biophys. biochem. Cytol. **2**, 635
Arylesterase	58–85%	MC. CANN: 1957 J. biol. Chem. **226**, 15 UNDERHAY et al.: 1956 J. biophys. biochem. Cytol. **2**, 635 CARRNTHERS und BAUMLER: 1962 Arch. Biochem. Biophys. **99**, 458
Benzoylcholinesterase		GONTIER und GONTIER-PIROTTE: 1955 Biochim. biophys. Acta **16**, 366
Anorganische Pyrophosphatose	80%	STETTEN: 1964 J. biol. Chem. **239**, 3576 NORDLIE und ARION: 1964 J. biol. Chem. **239**, 1680 ERNSTER und JONES: 1962 J. Cell. Biol. **15**, 563 EL-AASER et al.: 1966 Biochim. biophys. Acta **127**, 553

3. Fortsetzung der Tabelle 8

Enzyme	% der mikrosomalen Aktivität in bezug auf die Aktivität des Gesamthomogenates	Autoren
Lipoproteinlipase	40%	SHIBKO und TAPPEL: 1964 Arch. Biochem. Biophys. **106**, 259
Lysolezithinase	61%	SHIBKO und TAPPEL: 1964 Arch. Biochem. Biophys. **106**, 259
NAD-Nukleosidase	93%	JACOBSON und KAPLAN: 1957
NAD-Pyrophosphatase	63%	J. biophys. biochem. Cytol. **3**, 31
NADP-Pyrophosphatase	52%	
Nicotinamiddeamidase		PETRACK et al.: 1963 Biophys. Biochem. Res. Comm. **13**, 472
Carboxylesterase		OMACHI et al.: 1948 Proc. Soc. exp. Biol. Med. **67**, 133 HELLER und BARGONI: 1950 Arkiv Kemi J. 447
Cholesterinesterase	112%	SCHOTZ et al.: 1954 J. biol. Chem. **207**, 665
Vitamin A-Esterase		GAUGNEY und DEVEL: 1953 Nature, Lond. **172**, 120 SHIBKO und TAPPEL: 1964 Arch. Biochem. Biophys. **106**, 259
Glucose-6-Phosphatase		DE DUVE et al.: 1955 Biochem. J. **60**, 604 CHANVEAN et al.: 1962 J. Cell. Biol. **12**, 17 u. a.
β-Glucoronidase	37–40%	WALKER: 1952, Biochem. J. **51**, 223 DE DUVE et al.: 1955 Biochem. J. **60**, 604
Nucleosiddiphosphatasen ADP, CDP GDP, IDP, UDP	50–70%	ERNSTER und JONES: 1962 J. Cell. Biol. **15**, 563 NOVIKOFF und HEUS: 1963 J. biol. Chem. **238**, 710
5-Nucleotidase	35–47%	NOVIKOFF et al.: 1953 J. Histochem. Cytochem. **1**, 27
Nucleosidtriphosphatase (ITP)	23%	NOVIKOFF und HEUS: 1963 J. Histochem. Cytochem. **1**, 27
Phosphodiesterase I	29%	RAZZELL: 1961, J. biol. Chem. **236**, 3028
Thiaminpyrophosphatase	50%	NOVIKOFF und HEUS: 1963 J. Histochem. Cytochem. **1**, 27

4. Fortsetzung der Tabelle 8

Enzyme	% der mikrosomalen Aktivität in bezug auf die Aktivität des Gesamthomogenates	Autoren
Uronolactonase	94%	WINKELMANN und LEHRINGER: 1958 J. biol. Chem. **233**, 794
Acyl-CoA-Synthetase		CREASEY: 1962, Biochim. biophys. A. **64**, 559
Cholyl-CoA-Synthetase		BREMER: 1955 Acta chem. Scand. **9**, 268 ELLIOTT: 1956 Biochem. J. **62**, 427
Demethylase (Azofarbstoffe)		CONNEY et al.: 1957 Cancer Res. **17**, 628
Epoxysteroidlyase		BREMER et al.: 1963 Biochim, biophys. A. **46**, 205
Aromatische Äther-spaltende Systeme		AXELROD: 1956, Biochem. J. **63**, 634
Fumarase	28%	DE DUVE: 1955, Biochem. J. **60**, 604 DE DUVE: 1962, Adv. Enzymology **24**, 291
Glutaminsynthetase	47%	WU: 1963, Biochim. biophys. A. **77**, 482
Prothrombinbildende Systeme	47%	GOSWAMI und MUNRO: 1962 Biochim. biophys. A. **55**, 410

in den letzten Jahren Befunde, die das in Frage stellen. So scheint NADPH auch für das Cytochrom b_5 als Elektronendonator fungieren zu können und dieses wiederum kann als sekundärer Elektronendonator für das CO-bindende Pigment (Cytochrom P 450) dienen (ESTABROOK und COHEN (1969)). Da beide Elektronentransportketten sowohl im Pflanzen- als auch im Tierreich verbreitet sind, muß man annehmen, daß es sich hier um ein stammesgeschichtlich sehr altes Enzymmuster handelt. Die beteiligten Cytochrome (CO-bindendes Pigment und Cytochrom b_5) finden sich nicht in den Mitochondrien. Auch unterscheiden sich die an den mikrosomalen Elektronentransportketten beteiligten Flavoproteinreduktasen von denen der Atmungskette in den Mitochondrien. Wie HOGEBOOM 1949 nachwies, sind die Kapazitäten des Elektronenflusses mit denen der Mitochondrien zu vergleichen, ja sie übersteigen diese z. T. um ein Vielfaches. So ist die NADH-Oxydation in den Mikrosomen unter Cytochrom c als künstlicher Elektronenakzeptor zweimal so hoch wie in der mitochondrialen Atmungskette. Unbekannt ist bisher sowohl die Wasserstoffquelle, aus der die reduzierten NADH und NADPH für den mikrosomalen Elektronentransport zu Verfügung gestellt werden, als auch die Funktionen, denen der Elektronentransport in den Mikrosomen dient. Es ist anzunehmen, wie das vor allem SIEKEVITZ (1965) betonte, daß das NADH und das NADPH aus dem Kohlenhydratstoffwechsel, d. h. aus der Glykolyse und dem Horeckerzyclus stammen. Die Reduktion von Cytochrom c durch NADPH beträgt in den Mikrosomen nur ungefähr 2—10% der Reduktion durch NADH im selben System. In den Mitochondrien dient die Atmungskette der Bereitstellung von Adenosintriphosphat als Energiespeicher des Zellstoffwechsels. Eine ATP-Synthese unter NADH- bzw. NADPH-Oxydation läßt sich in den Mikrosomen nicht nachweisen. SIEKEVITZ weist auf die Beobachtung hin, daß bereits 0,1 M Natrium oder Kalium dem System zugegeben, die Reduktasen um 100% zu aktivieren vermögen. So diskutiert er als eine Funktion der mikrosomalen Elektronentransportketten eine Mitwirkung am Ionentransport durch die Mikrosomenmembranen. Als weitere Möglichkeit sieht er eine Energiebereitstellung für Syntheseprozesse am endoplasmatischen Retikulum, wie z. B. für die Proteinsynthese an membran-

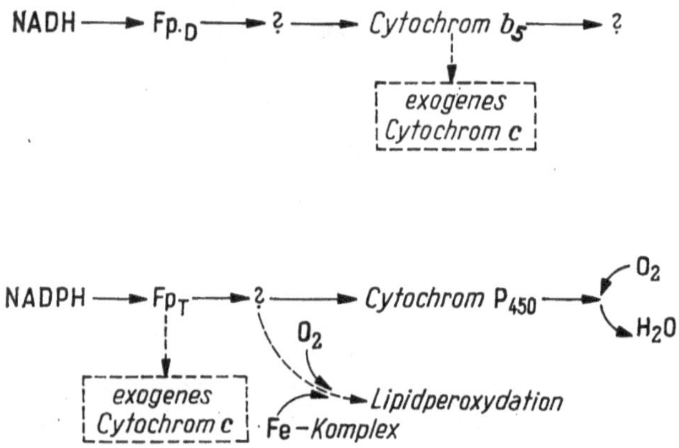

Abbildung 30

gebundenen Polysomen oder auch für bestimmte Stufen der Lipidsynthese. Als letzte Möglichkeit diskutiert er die energetische Speisung einer möglichen Lipoproteidbewegung, die sowohl der Aufrechterhaltung der funktionell notwendigen Struktur der mikrosomalen Membranen als auch dem „Turnover" membraneigener Moleküle dienen könnte. In der Abbildung 30 sind die beiden mikrosomalen Elektronentransportketten mit ihren Komponenten schematisch dargestellt, wie sie von SIEKEVITZ angegeben wurden (1965).
GREIM fand 1970 in Rattenlebermikrosomen eine Halblebenszeit von 45 Stunden für Cytochrom b_5 und von 22 Stunden für Cytochrom P_{450}, wenn er die Tiere mit ^{14}C-markierter Aminolävulinsäure vorbehandelte.

3.2.3.1.1. Das NADH-Cytochrom-b_5-Reduktase-System

STRITTMATTER hat diese mikrosomale Elektronentransportkette eingehend untersucht und berichtete 1965 auf einem Symposium darüber. Das Cytochrom b_5 wurde bis 1952 nicht nachgewiesen, obwohl schon 50 Jahre vorher über die Absorptionsbande eines reduzierten Hämoproteids in Mikrosomen berichtet wurde. Das Cytochrom b_5 ist verantwortlich für die rote Farbe der isolierten Mikrosomenfraktion und stellt selber einen wesentlichen Teil des mikrosomalen Proteins dar. Im künstlichen System wird als Elektronenakzeptor für das reduzierte Cytochrom b_5 Cytochrom c eingesetzt. Cytochrom b_5 kann durch Einwirkung von Pankreaslipase aus dem Mikrosomenverband losgelöst werden; ebenso ein Flavoprotein,

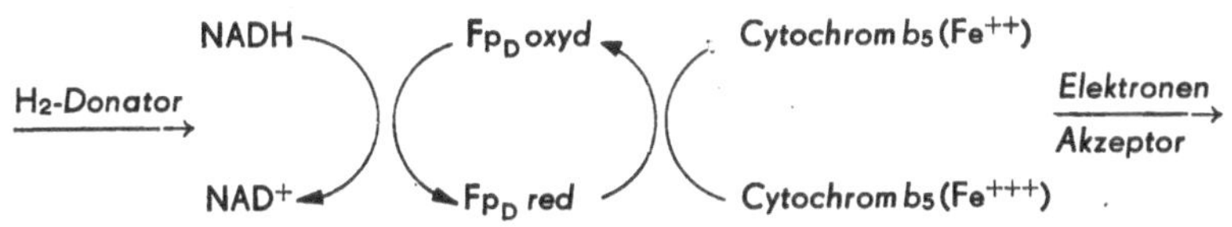

	Cytochrom b_5	*Cytochrom b_5 Reduktase = Fp_D*
Molekulargewicht	*13 000*	*40 000*
Coenzym	Fe *Protoporphyrin IX*	*Flavinadenindinukleotid.*
$\frac{\text{Mol. Coenzym}}{\text{Mol. Enzym}}$	*1*	*1*

Abbildung 31

welches als Cytochrom-b_5-Reduktase in dieser Elektronentransportkette das Cytochrom b_5 reduziert. Die Turnoverzahl dieses Flavoproteins ist dabei ausgesprochen hoch, sie beträgt ungefähr 30000 Mol Substrat/min/Mol Enzym bei einer Temperatur von 25 °C. Sowohl das Cytochrom b_5 als auch die Cytochrom-b_5-Reduktase sind aus den Mikrosomen zu isolieren. Beide Funktionsproteine tragen pro Proteinmolekül ein fest gebundenes Coenzym. In der Abbildung 31 sind einige biochemische Eigenschaften dieser beiden Funktionsproteine zusammengestellt, ebenso der katalysierte Elektronentransport. Da bei dem Übergang der reduzierten zur oxydierten Form der beteiligten Coenzyme jeweils eine spezifische Änderung der Absorption am UV-Spektrum erfolgt, kann man anhand dieser Parameter den Elektronentransport über die beteiligten Enzymproteine spektralphotometrisch verfolgen.

Coenzym des Cytochrom b_5 ist Protoporphyrin IX. Das Coenzym ist an das Apocytochrom b_5 über einen reaktiven Histidylrest gebunden. Eine Rekombination des Apocytochrom b_5 mit seinem Coenzym wird völlig blockiert, wenn 1 Mol Monoazoimidazol pro Mol Apocytochrom b_5 gebunden wird. Unter der Bindung des Apocytochrom b_5 mit seinem Coenzym geht die Proteinkomponente des Apoenzyms eine Konformationsänderung ein. Wie die Abbildung 32 zeigt, ändert sich das UV-Spektrum des Cytochrom b_5 nicht nur bei Reduktion bzw. Oxydation der Verbindung, sondern auch bei Abspaltung des Coenzyms von dem Apoenzym. Werden isoliertes Apoenzym und Coenzym in stöchiometrischen Mengen in vitro zusammengemischt, so zeigt diese Mischung wieder das typische Spektrum des intakten Enzymkomplexes.

STRITTMATTER gelang es auch, eine undenaturierte Apocytochrom-b_5-Reduktase zu präparieren. Damit wurde es möglich, Coenzym- und Substratbindungsstudien

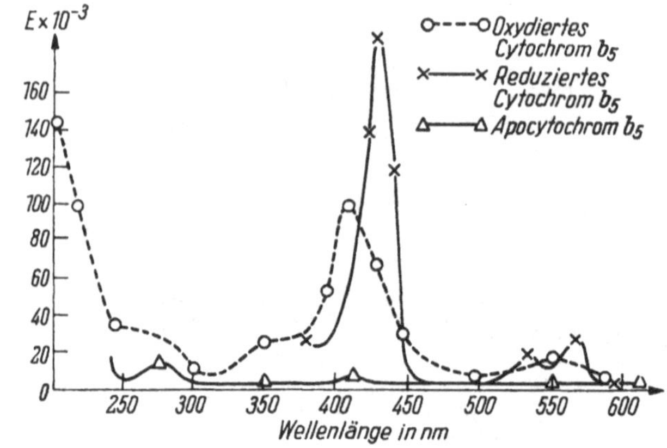

Abbildung 32

auch an diesem Apoenzym zu betreiben. So wies STRITTMATTER nach, daß pro Molekül Apocytochrom-b_5-Reduktase ein Äquivalent Flavinadenindinukleotid (FAD) oder Flavinmononukleotid (FMN) gebunden wird. Die Coenzymbindung erfolgt hier über einen reaktiven Tyrosylrest; eine Jodierung des Apoenzyms blokkiert die Coenzymbindung vollständig. Unter der Coenzymbindung geht das Apoenzym auch in diesem Falle eine Strukturänderung ein, wie man sekundär aus der großen Temperaturempfindlichkeit des isolierten Apoenzyms im Gegensatz zum intakten Enzym-Coenzym-Komplex schließen kann.

Bei der Bindung reduzierter Pyridinnukleotide (NADH) an die Aporeduktase kommt es zu einem deutlichen Abfall der Nukleotidfluoreszenz. Auf diesem Wege kann man so die Substrat-Aporeduktase-Bindung experimentell sehr gut verfolgen. STRITTMATTER fand, daß 1 Mol NADH pro Mol Aporeduktase gebunden wird. Diese Bindung wird vollständig blockiert, wenn ein Äquivalent Paramercuribenzoat vor Zugabe des Pyridinnukleotids auf das Apoenzym einwirkt. Daraus kann man schließen, daß an der Bindung des Pyridinnukleotids eine reaktive Sulfhydrilgruppe beteiligt ist. Da die Bindung des reduzierten Pyridinnukleotids an die Aporeduktase durch Einwirkung von Adenosindiphosphat-Ribose blokkiert werden kann, muß man weiterhin annehmen, daß die Bindung des Pyridinnukleotids über die Adenosindiphosphat-Ribose im Pyridinnukleotid erfolgt. Der Redoxstatus des Nukleotids beeinflußt wesentlich die Stabilität des Substrat-Aporeduktase-Komplexes. Ist das Nucleotid reduziert, wird es fest an die Aporeduktase gebunden, während eine Oxidation zu einem markanten Stabilitätsabfall des Substrat-Enzym-Komplexes führt. In der Abbildung 33 sind die Spektraländerungen in vitro unter der Reaktion der Aporeduktase mit NADH dargestellt.

Des weiteren interessiert die Bindung des reduzierten NADH an die intakte Cytochrom-b_5-Reduktase. Aus der Beobachtung, daß NADH die Cytochrom-b_5-Reduktase vor der inaktivierenden Einwirkung von SH-Reagenzien zu schützen vermag, kann man schließen, daß sich ein Komplex zwischen Cytochrom-b_5-Reduktase und dem NADH bildet. Parachlormercuribenzoat und n-Äthylmaleinimid können keinen inhibierenden Einfluß auf das Enzym ausüben, wenn NADH gebunden ist. Stöchiometrisch bindet 1 Mol der Cytochrom-b_5-Reduktase 1 Äquivalent NADH unter anaeroben Bedingungen. Dabei ändert das intakte Enzym sein Absorptionsspektrum wesentlich. Die Flavinabsorptionsbanden bei 460 und 390 nm werden erniedrigt, und es tritt eine markante Absorptionsbande bei 317 nm auf. Diese Bande scheint aus einer Interaktion von NAD mit reduziertem Flavoprotein zu resultieren. Wird das Enzym durch andere Reduktionsmittel, wie z. B. durch NADPH reduziert, zeigt sich diese typische Bande bei 317 nm nicht. Es konnte weiterhin gezeigt werden, daß eine der drei reaktiven SH-Gruppen am Flavoprotein für die Flavinreduktion von Bedeutung ist. Da die Einwirkung von oxydiertem NAD auf reduziertes Flavoprotein einen Schutz gegen SH-Reagenzien bedeutet, scheint ein Substrat-Enzymkomplex aus reduziertem Flavoprotein und oxydiertem Pyridinnukleotid als Intermediat bei der Enzymreduktion eine Rolle zu spielen (Strittmatter). Es scheinen so bei der Interaktion zwischen NADH und Cytochrom-b_5-Reduktase folgende meßbare Schritte abzulaufen: Es kommt zunächst zu einer Bindung des reduzierten NADH an oxydierte Cytochrom-b_5-Reduktase, sodann erfolgt in diesem Komplex die Übertragung des Wasserstoffs vom reduzierten NADH zum oxydierten Flavincoenzym. Diese Reaktion 2 ist limitierend für die Substrat-Enzym-Kinetik. Es bildet sich so ein Komplex aus oxydiertem NAD und der Cytochrom-b_5-Reduktase, in der das Flavincoenzym reduziert ist.

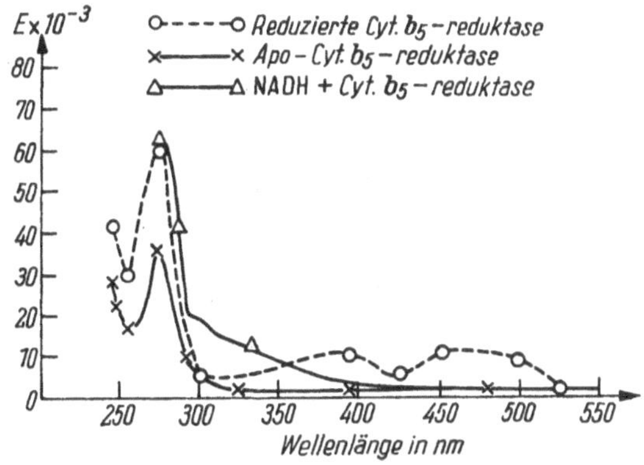

Abbildung 33

Die Oxydation dieses Komplexes kann man unter Verwendung geeigneter Elektronenakzeptoren verfolgen. Als Elektronenakzeptor kann sowohl Kaliumferricyanid als auch der natürliche Akzeptor, das Cytochrom b_5, eingesetzt werden.

Die Oxydation des reduzierten Enzymkomplexes erfolgt sehr schnell, wobei das oxydierte NAD am Komplex gebunden ist. Erst wenn das Flavincoenzym oxydiert ist, kann NADH das NAD vom Reduktasekomplex verdrängen. Summarisch läßt sich die Reaktionsfolge der mikrosomalen NADH-Cytochrom-b_5-Elektronentransportkette folgendermaßen charakterisieren: Es kommt initial zu einer sehr schnellen Reaktion unter Bildung eines stabilen Komplexes zwischen zwei Nukleotiden und zwei Proteinorten an der Cytochrom-b_5-Reduktase. Das läßt sich im UV-Spektrum am Auftreten einer breiten Bande zwischen 500 und 650 nm und am Absinken der Pyridinnukleotidfluoreszenz verfolgen. Als zweite, begrenzende Reaktion kommt es in dem NADH-Cytochrom-b_5-Reduktasekomplex zu einem stereospezifischen Wasserstofftransfer von reduziertem NADH zum oxydierten Flavin. Es resultiert ein Komplex des oxydierten NAD mit der reduzierten Cytochrom-b_5-Reduktase. Die darauf folgende Oxydation des reduzierten Enzymkomplexes erfolgt sehr schnell und läßt sich deutlich in zwei Einelektronenreaktionen, die meßbar sind, unterteilen. Nach Oxydation des Flavincoenzyms im NAD-Cytochrom-b_5-Reduktasekomplex kann dann NADH das NAD von der Reduktase verdrängen und die Reaktion beginnt erneut. Trotz dieser relativ detaillierten Kenntnisse über den Elektronentransfer vom NADH zum Cytochrom b_5 muß man doch festhalten, daß es sich in jedem Falle um Modellstudien an Enzymen handelt, die von den mikrosomalen Membranen abgelöst sind. Es ist so nicht auszuschließen, daß weitere Intermediate eine wichtige Rolle in diesem Elektronentransfer spielen. Auch ist es bisher unbekannt, wie sich die Kinetik dieses Elektronentransportes ändert, wenn die beteiligten Enzyme an der Membran gebunden sind.

Die Primärstruktur des Cytochrom b_5 einiger Spezies konnte in den letzten Jahren aufgeklärt werden. STRITTMATTER (1966) analysierte Cytochrom b_5 aus Kalbsleber-Mikrosomen und fand zwei Formen. Diese beiden Formen unterscheiden sich lediglich in einer karboxylenständigen Glutamylserinpeptidsequenz, die bei dem Cytochrom b_5 I vorhanden ist, während sie beim Cytochrom b_5 II fehlt. Durch tryptischen Abbau sowohl vom Karboxylende als auch vom Aminoende her konnte STRITTMATTER die beiderseits begrenzenden, endständigen Randpeptide analysieren und gleichzeitig ein essentielles Kernpeptid von 81 Aminosäuren isolieren, das in seinen spektralen und katalytischen Eigenschaften der originalen Cytochrom-b_5-Präparation völlig gleicht. Beide gefundenen Cytochrom-b_5-Formen enthalten diese essentiellen Peptidsequenzen. In der Abbildung 34 sind die Ergebnisse dieser Arbeiten zusammengestellt. Wie weitere Studien von STRITTMATTER zeigten, sind an der Bindung der Hämkomponente drei reaktive Lysylreste des Cytochrom beteiligt. Diese reaktiven Lysylreste müssen in der essentiellen, mittleren Peptidsequenz lokalisiert sein, da eine Blockade der Lysylreste in den Randpeptidanteilen keine wesentliche Änderung der Coenzym-Enzym-Bindungskinetik zeigte. In den darauf folgenden Jahren konnte die Primärstruktur des

Cytochrom b_5 von Mensch, Kaninchen, Rind, Huhn und Kalb weitgehend aufgeklärt werden (Literatur bei TSUGITA, KOBAYASHI u. a. 1970). In der Tabelle 9 sind diese Daten zusammengestellt.

Über die höhere Stukturierung des Cytochrom b_5 fehlen bisher schlüssige Ergebnisse. SCHNELLBACHER und LUMPER (1971) veröffentlichten erste Ergebnisse über CD- und ORD-Spektren von Cytochrom b_5 aus Schweinelebermikrosomen.

Aminosäure	Cytochrom b_5 I
Lysin	8,20
Histidin	4,65
Ammonium	8,66
Arginin	3,02
Asparaginsäure	8,95
Threonin	6,60
Serin	5,90
Glutaminsäure	14,70
Prolin	3,00
Glycin	6,40
Alanin	4,05
Cystin	–
Valin	3,85
Methionin	–
Isoleucin	4,25
Leucin	8,20
Tyrosin	3,40
Phenylalanin	3,06

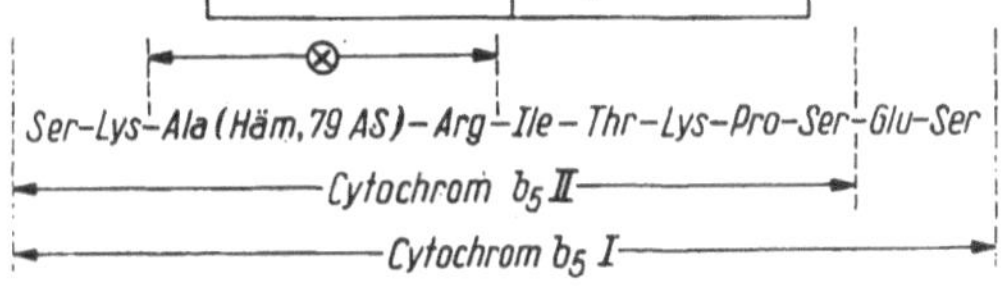

Abbildung 34: Aminosäureanalyse und bisher bekannte Primärstruktur des Cytochrom b_5 aus Kalbslebermikrosomen (nach STRITTMATTER)

Sie konnten dabei nachweisen, daß die Konformation des nativen Cytochrom b_5, wie auch des Apocytochrom b_5 nicht von der α-Helix geprägt ist. Studien zur Primärstruktur der Apocytochrom-b_5-Reduktase sind bisher nicht bekannt geworden.

Auch fehlen bisher systematische Studien zur Verteilung der NADH-abhängigen Elektronentransportkette auf die einzelnen Elemente des endoplasmatischen Retikulums in einer Zellart, als auch auf unterschiedliche Zellarten und Spezies. FLEISCHER, FLEISCHER und AZZI konnten zeigen, daß die Golgiregion von Rinderleberparenchymzellen wohl Cytochrom b_5, nicht jedoch CO-bindendes Cytochrom enthält. ICHIKAWA, KURODA und YAMANO (1970) sahen, daß Cytochrom b_5 und auch CO-bindendes Cytochrom unterschiedlich über die Zonen der Nebennierenrinde verteilt sind (Z. glomerulosa, fasciculata und reticularis). SHICHI und Mitarbeiter fanden, daß Rinderherzmikrosomen kein Cytochrom b_5 enthalten.

Tabelle 9

Primärstruktur des Cytochrom b_5 von Kaninchen, Mensch, Rind, Huhn und Kalb (nach Tsugita u. a.)

	—7 —3 1 5 10 15
Kaninchen	Gln, Ala, Ala, Ser, Asp, Lys-Asp-Val-Lys-Tyr-Tyr-Thr-Leu-Glu-Glu-Ile-Lys-Lys-His-Asn-His-Ser-Lys
Mensch	Gln-Ala, Ala, Ser, Glx, Glx, Asx, Val-Lys-Tyr-Tyr-Thr-Leu-Glu-Glu-Ile-Glu-Lys-His-Asn· · ·Ser-Lys
Rind	Ser-Lys-Ala-Val-Lys-Tyr-Tyr-Thr-Leu-Glu-Glu-Ile-Glu-Lys-His-Asn-Asn-Ser-Lys
Huhn	Gly-Arg-Tyr-Tyr-Arg-Leu-Glu-Glu-Val-Gln-Lys-His-Asn-Glx-Ser-Asx
Kalb	Ser-Lys-Ala-Val-Lys-Tyr-Tyr-Thr-Leu-Glu-Glu-Glu-Ile-Lys-His-Asn-Asn-Ser-Trp
	20 25 30 35
Kaninchen	Ser-Thr-Trp-Leu-Ile-Leu-His-His-Lys-Val-Tyr-Asp-Leu-Thr-Lys-Phe-Leu-Glu-Glu-His-Pro-Gly-Gly
Mensch	Ser-Thr-Trp-Leu-Ile-Leu-His-His-Lys-Val-Tyr-Asp-Leu-Thr-Lys-Phe-Leu-Glu-Glu-His-Pro-Gly-Gly
Rind	Ser-Thr-Trp-Leu-Ile-Leu-His-Tyr-Lys-Val-Tyr-Asp-Leu-Thr-Lys-Phe-Leu-Glu-Glu-His-Pro-Gly-Gly
Huhn	Ser-Thr-Trp-Ile-Ile-Val-His-His-Arg-Ile-Tyr-Asp-Ile-Thr-Lys-Phe-Leu-Asp-Glu-His-Pro-Gly-Gly
Kalb	Lys-· . . . . -Val-Tyr-Asp-Leu-Thr-Lys-Phe-Leu-Glu-Glu-His-Pro-Gly-Gly
	40 45 50 55 60
Kaninchen	Glu-Glu-Val-Leu-Arg-Glu-Gln-Ala-Gly-Gly-Asp-Ala-Thr-Glu-Asp-Phe-Glu-Asp-Val-Gly-His-Ser-Thr
Mensch	Glu-Glu-Val-Leu-Arg-Glu-Gln-Ala-Gly-Gly-Asp, Ala, Thr, Glx, Asp, Phe, Glx, Asx, Val, Gly, His, Ser, Thr
Rind	Glu-Glu-Val-Leu-Arg-Glu-Gln-Ala-Gly-Gly-Asp-Ala-Thr-Glu-Asp-Phe-Glu-Asp-Val-Gly-His-Ser-Thr
Huhn	Glu-Glu-Val-Leu-Arg-Glu-Gln-Ala-Gly-Gly-Asp-Ala-Thr-Glu-Asp-Phe-Glu-Asp-Val-Gly-His-Ser-Thr
Kalb	Glu-Glu-Val-Leu-Arg-Glu-Gln-Ala-Gly-Gly-Asp-Ala-Thr-Glu-Asp-Phe-Glu-Asp-Val-Gly-His-Ser-Thr
	65 70 75 80 85
Kaninchen	Asp-Ala-Arg-Glu-Leu-Ser-Lys-Thr-Phe-Ile-Ile-Gly-Glu-Leu-His-Pro-Asp-Asp-Arg-Ser-Lys
Mensch	Asx-Ala-Arg-Glu-Met-Ser-Lys-Thr-Phe-Ile-Ile-Gly-Glu-Leu-His-Pro-Asp-Asp-Arg, Pro, Lys
Rind	Asp-Ala-Arg-Glu-Leu-Ser-Lys-Thr-Phe-Ile-Ile-Gly-Glu-Leu-His-Pro-Asp-Asp-Arg-Pro-Lys-Ile-Thr-Lys-Pro-Ser
Huhn	Asp-Ala-Arg-Ala-Leu-Ser-Glu-Thr-Phe-Ile-Ile-Gly-Glu-Leu-His-Pro-Asp-Asp, Arg, Pro, Lys, Leu
Kalb	Asp-Ala-Arg-Glu-Leu-Ser-Lys-Thr-Phe-Ile-Ile-Gly-Glu-Leu-His-Pro-Asp-Asp-Arg-Ser-Lys-Ile-Thr-Lys-Pro-Ser-Glu-Ser

3.2.3.1.2. Die mischfunktionellen Oxydasen

Eine andere Gruppe von Enzymen baut in den Mikrosomen eine Redoxkette auf, die vor allem der Oxydation körpereigener, lipophiler Substanzen (u. a. Steroiden) und dem oxydativen Abbau körperfremder Substanzen (u. a. Pharmaka) dient. Diese mikrosomale Redoxkette ist abhängig vom $NADPH_2$[1]) als Wasserstoffdonator, wobei der Elektronentransport über eine Flavoreduktase auf eine Hämoxydase, das Cytochrom P_{450}, geht. Das reduzierte Cytochrom P_{450} überträgt seinen Wasserstoff auf ein Sauerstoffatom unter Bildung von H_2O und gleichzeitig bewirkt es eine Oxydation von lipophilen Substanzen mit dem zweiten Sauerstoffatom des molekularen Sauerstoffs. Da der molekulare Sauerstoff hier also gleichzeitig zur Oxydation von lipophilen Substanzen und als Wasserstoffakzeptor für das reduzierte Cytochrom P_{450} dient, wird diese Elektronentransportkette nach MASON mit dem Sammelbegriff „mischfunktionelle Oxydasen" belegt. Summarisch ist die Endreaktion dieser Elektronentransportkette so zu formulieren:

$$\text{Cyt. } P_{450}(Fe^{3+}) + O \cdot O + S - H \rightarrow \text{Cyt. } P_{450}(Fe^{2+}) + S \cdot OH + H_2O$$

S — H = körpereigene oder körperfemde lipophile Substanz S · OH = hydroxylierte Substanz.

Diese Elektronentransportkette ist somit für die Biotransformation einer ganzen Reihe von Pharmaka von außerordentlicher Bedeutung.

In der Tabelle 10 sind die oxydierenden Reaktionen zusammengestellt, die durch die mischfunktionellen Oxydasen katalysiert werden.

Somit ist die $NADPH_2$-abhängige Elektronentransportkette in ihrer Funktion weitgehend bekannt. Während das $NADH_2$-abhängige mikrosomale Redoxsystem ubiquitär über die meisten tierischen und pflanzlichen Zellen verteilt ist, ist die $NADPH_2$-abhängige Elektronentransportkette hauptsächlich in den Lebermikrosomen von terristischen Tieren nachweisbar. Daneben findet man sie jedoch auch in den Mikrosomen von Gehirn, Muskulatur, Niere, Milz und Intestinum. Aquatische Tiere, wie z. B. Fische, vermögen Pharmaka auf diese Weise nicht zu entgiften. Weiterhin zeichnen sich die Elemente der $NADPH_2$-abhängigen Redoxkette dadurch aus, daß sie spezifisch vermehrt von der Zelle synthetisiert werden können, wenn entsprechend hohe Konzentrationen von lipophilen Substanzen durch die Zelle zu oxydieren sind. Dieses Phänomen wurde in den letzten Jahren als „Enzyminduktion" weitgehend bekannt und spielt für die Pharmakologie und Toxikologie eine entscheidende Rolle.

Die Schritte der $NADPH_2$-abhängigen mikrosomalen Elektronentransportkette sind bereits in der Abbildung 30 dargestellt worden. Im folgenden sollen die einzelnen Abschnitte detaillierter besprochen werden. KAMIN u. a. berichteten 1965 über eine $NADPH_2$-Cytochrom-c-Reduktase in Mikrosomen. Sie präparierten dieses Enzym sowohl als mikrosomale Subpartikel als auch als lösliches Flavoprotein aus Schweineleber-Mikrosomen und fanden es identisch mit der bereits bekannten $NADPH_2$-abhängigen Neotetrazoliumdiaphorase. Als prosthetische Gruppe dieses

[1]) Siehe Anmerkung Seite 153.

Tabelle **10**

Pharmakaabbauende Reaktionen der mischfunktionellen Oxydasen (nach SCHELER)

Reaktionstyp	Schematische Reaktionsgleichung	Substrate d. Reaktion
1. Hydroxylierung a) von Aromaten	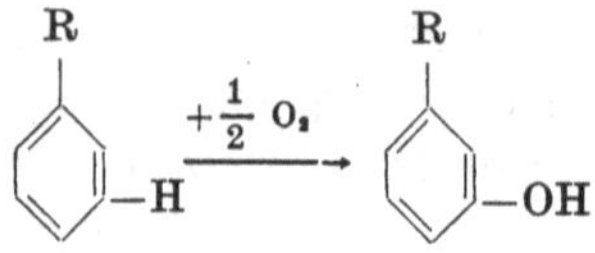	u. a. Azetanilid Benzol Nitrobenzol Anilin Salizylsäure Naphthalin 3,4-Benzpyren Chinolin 2-Naphthylamin 2-Aminofluoren
b) von Aliphaten	$R \cdot CH_2 \cdot CH_2 \cdot CH_3 + \frac{1}{2} O_2 \longrightarrow R \cdot CH_2 \cdot CH(OH) \cdot CH_3$	u. a. Seitenkettenoxydation von Pentobarbital und anderen Barbituraten p-Nitrotoluol
2. a) Oxydative N-Desalkylierung	$R \cdot NH \cdot CH_3 \xrightarrow{+\frac{1}{2} O_2} R \cdot NH_2 + HCHO$	u. a. Ephedrin Methylamphetamin Methylalinin Äthylanilin Meperidin Quinacrin Methadon Kodein Diazethylmorphin 4-Dimethylaminoazobenzol Amidopyrin Alkyl-4-Aminophenazon
b) Oxydative O-Desalkylierung	$R \cdot O \cdot C_2H_5 \xrightarrow{+\frac{1}{2} O_2} R \cdot OH + H_3C \cdot CHO$	u. a. Phenazetin Kodein Meskalin Papaverin Chinin Kolchizin
3. Oxydative Desaminierung	$R \cdot CH_2 \cdot NH_2 \xrightarrow{+\frac{1}{2} O_2} R \cdot CHO + NH_3$	u. a. Amphetamin Methylamphetamin Ephedrin Meskalin

Fortsetzung der Tabelle 10

Reaktionstyp	Schematische Reaktionsgleichung	Substrate d. Reaktion
4. S-Oxydation	z. B. 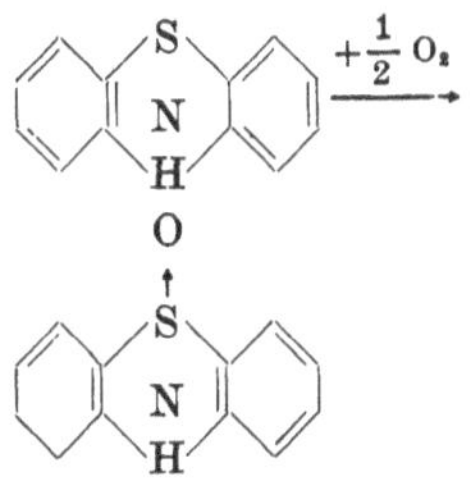	u. a. Phenothiazin Chlorpromazin

Flavinenzyms wurde das Flavinadenindinukleotid (FAD) gefunden, wobei zwei Moleküle FAD pro Molekül Apoenzym gebunden werden. Wie Studien von Beinert bewiesen, handelt es sich bei diesem Flavoprotein um ein metallfreies Enzym. Das Enzym wurde erstmals 1950 durch Horecker beschrieben, der es aus Leber isolieren konnte. Horecker fand bereits, daß das Enzym partikulär in der Zelle gebunden ist, konnte aber seine Lokalisierung in bestimmte Organellen nicht nachweisen. Später dann wiesen Strittmatter und Velick sowie Philipps und Langdon unabhängig voneinander eine $NADPH_2$-Cytochrom-c-Reduktase in Mikrosomen nach und konnten dieses Ferment auch durch Trypsineinwirkung isolieren. Folgende Reaktionen werden durch diese Flavoproteinreduktase katalysiert:

a) $NADPH + H^+ + 2$ Cyt. c $(Fe^{+++}) \rightarrow NADP^+ + 2$ Cyt. c $(Fe^{++}) + 2H^+$
b) $NADPH + H^+ +$ Farbe $\rightarrow$ reduzierte Farbe $+ NADP^+$
c) $NADPH + H^+ + O_2 \rightarrow NADP^+ + H_2O_2$ (+?)
(nach Kamin et al.)

Das $NADPH_2$-abhängige Flavinenzym überträgt Elektronen vom $NADPH_2$ auf das Cytochrom P_{450}. Weiterhin wird eine Reduktion von oxydierten Farbstoffen durch $NADPH_2$ katalysiert. Diese Wirkung ist als Diaphorase-Aktivität der Mikrosomen bekannt geworden (z. B. Neotetrazolium-Diaphorase). In sehr geringem Umfange vermag das reduzierte Enzym auch mit Sauerstoff zu reagieren und ist so autoxydabel. Im isolierten System vermag dieses Flavoprotein Cytochrom c zu reduzieren, das jedoch nicht als eigentlicher Elektronenakzeptor in der Zelle anzusehen ist. Das Enzym katalysiert Einelektronen- und Zweielektronenübergänge, wie in dem Reaktionsschema dargestellt ist. Dabei alterniert das Flavincoenzym zwischen der vollreduzierten ($FADH_2$) und der halbreduzierten Form (FADH). Die durchoxydierte Form (FAD) spielt bei der Katalyse dieser Elektronenübergänge keine Rolle. Das Absorptionsspektrum der $NADPH_2$-Cytochrom-c-Reduktase ist ein typisches Flavoproteinspektrum: Zwischen 380 und 480 nm zeigt sich eine breite Absorptionsbande, wobei im Bereich von 380 nm und im Bereich von 450 nm jeweils ein Absorptionsmaximum erreicht wird. Wie Studien von MASSEY und WILLIAMS zeigten, kann aus der Änderung des Absorptionsspektrums auf den Reduktionszustand des Coenzyms direkt geschlossen werden. Während das oxydierte Enzym Absorptionsmaxima bei 380 nm und 450 nm zeigt, sinkt die Absorption im Bereich von 450 nm unter einer Halbreduktion des Coenzyms ab, wobei die Absorption im Bereich von 450–640 nm ansteigt. Dieses Spektrum zeigt sich sowohl, wenn man pro Mol Flavincoenzym 0,4 Mol $NADPH_2$ unter anaeroben Bedingungen zusammenfügt, als auch unter aeroben Bedingungen, wenn ein Überschuß an $NADPH_2$ in die Reaktion eingebracht wird. Das Spektrum des halbreduzierten Coenzyms ist dabei sehr beständig. Wird ein Überschuß von $NADPH_2$ unter anaeroben Bedingungen in die Reaktion eingebracht, so sinkt die Absorption bei 450 nm maximal ab, wobei auch der Ab-

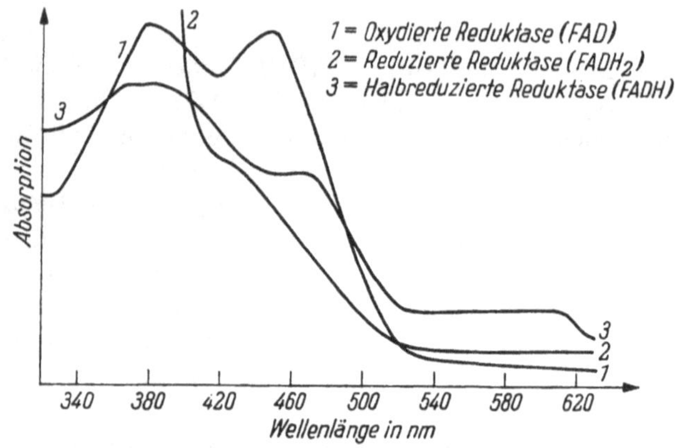

Abbildung 35

sorptionsanstieg zwischen 540 und 640 nm nicht die Höhe erreicht, wie sie das halbreduzierte Coenzym im Flavoproteinkomplex charakterisiert. In der Abbildung 35 sind diese typischen Spektraländerungen dargestellt. Wird in einer Stopped-flow-Apparatur oxydiertes Flavoprotein mit $NADPH_2$ schnell zusammengemischt, so ist die erste sichtbare Reaktion ein Absinken der $NADPH_2$-Fluoreszenz. Diese erste Reaktion läuft innerhalb von 5 msek ab und zeigt die Bildung eines Enzym-Substratkomplexes an, während die beschriebenen Spektraländerungen darauf folgen und Elektronenübergänge innerhalb des Enzym-Substratkomplexes anzeigen. Hier läßt sich dann eine gleichzeitige Bildung von FADH und $FADH_2$ im Coenzymanteil sichtbar machen, die offensichtlich ständig oszillieren, wie das im Schema der Abbildung 36 dargestellt ist. Weiterhin interessiert die Reaktion des reduzierten Flavoproteins mit einem Elektronenakzeptor (z. B. Cytochrom c). Dabei fanden MASSEY und WILLIAMS, daß das halbreduzierte Flavoprotein (Coenzym liegt als FADH vor) das Cytochrom c nicht zu reduzieren vermag. Eine Cytochrom-c-Reduktion tritt sehr schnell ein, wenn dem System überschüssig $NADPH_2$ zugegeben wird oder wenn das Flavoprotein vorreduziert wird. Besteht das System aus halbreduziertem Flavoprotein, überschüssigem $NADPH_2$ und oxydiertem Cytochrom c, so kommt es nach einer geringen Vorlaufperiode, in der FADH zu $FADH_2$ reduziert wird, zu einer Reduktion des Cytochrom c. Diese

Vorlaufperiode ist im anderen Falle, wenn das durchreduzierte Flavoprotein direkt mit dem Cytochrom c zusammengemischt wird, nicht nachweisbar; hier läuft die Cytochrom-c-Reduktion sofort an. In gleicher Weise, wie dieses $NADPH_2$-abhängige Flavoprotein die Reduktion von Cytochrom c katalysiert, können andere künstliche Elektronenakzeptoren reduziert werden. So z. B. das Ferri-

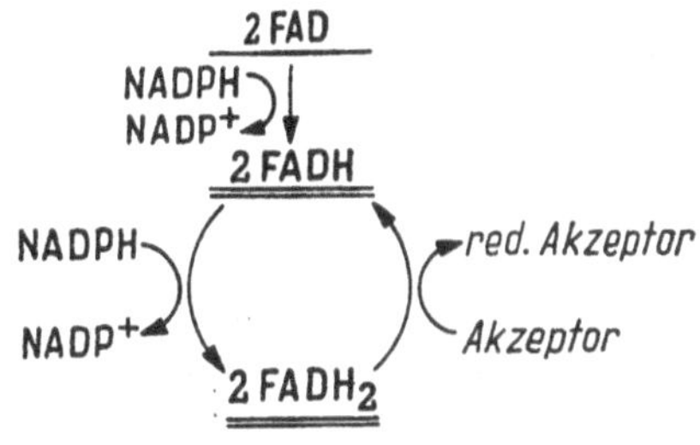

Abbildung 36

cyanid, das 2,4-Dichlorphenol-indophenol und das Vitamin K_3 (Menadion). Die Reduktionskinetik dieser Elektronenakzeptoren gleicht der Reduktion des Cytochrom c. Auch hier ist das halbreduzierte Coenzym (FADH) die oxydierte Form, das vollreduzierte Coenzym ($FADH_2$) die reduzierte Form des Enzyms.
Einschränkend muß auch hier wieder festgestellt werden, daß die beschriebenen Studien an dem isolierten Enzym durchgeführt wurden und als Elektronenakzeptoren Modellsubstanzen dienten. Es ist bis heute nicht gelungen, den natürlichen Elektronenakzeptor, das Cytochrom P_{450} durch die isolierte $NADPH_2$-Cytochrom-c-Reduktase zu reduzieren. Wenig ist auch über die Proteinstruktur des Apoenzyms bekannt. Da Parachlormercuribenzoat (PCMB) in geringen Konzentrationen die Aktivität des isolierten Enzyms steigert und höhere Konzentrationen an PCMB diese Aktivität hemmen, muß man annehmen, daß reaktive SH-Gruppen bei dem Elektronentransfer eine Rolle spielen können. Es ist jedoch zu diskutieren, daß das isolierte Enzym keine optimale Proteinstruktur hat und daher eine Reduktion des natürlichen Akzeptors Cytochrom P_{450} nur durch das membranständige Enzym möglich ist. Wird das Enzym teilgereinigt, d. h. in mikrosomalen Partikeln isoliert, so ist eine teilweise Reduktion von Cytochrom P_{450} zu erreichen. Ebenso spricht eine Aktivierung dieses Enzyms durch Lipidextrakte aus Leber oder Nebennierenrinde für eine Strukturänderung in Gegenwart von Membranlipiden. Es ist jedoch nicht geklärt, ob diese Lipide als allosterische Effektoren über die Proteinstruktur des Enzyms wirken, oder ob sie gegebenenfalls Zwischenschritte in der Redoxkette katalysieren.
Der natürliche Elektronenakzeptor für die $NADPH_2$-Cytochrom c-Reduktase in den Mikrosomen ist Cytochrom P_{450}, das atomaren Sauerstoff für die Oxydation von Pharmaka, Steroiden u. a. lipophilen Substanzen aktiviert. Diese katalysierten oxydativen Reaktionen wurden erstmalig von HAYAISHI und MASON beschrieben und dann von OMURA und SATO genauer studiert. WILLIAMS, KLINGENBERG und GARFINKEL wiesen das Cytochrom P_{450} erstmalig nach, das OMURA

und Sato dann als ein b-Cytochrom identifizierten. Hayaishi und Mason führten den Begriff „mischfunktionelle Oxydasen“ ein. Spiro und Ball sowie unabhängig davon auch Krisch beschrieben in Mikrosomen aus der Nebennierenrinde eine Cytochromklasse, die sich dadurch auszeichnete, daß sie unter Kohlenmonoxyd eine markante Absorption bei 450 nm aufwies, die durch Einstrahlung von Licht wieder zum Verschwinden gebracht werden konnte. Ryan und Engel beschrieben, daß die C-21-Hydroxylierung von Steroiden durch Kohlenmonoxyd gehemmt werden kann und diese Hemmung durch Einwirkung weißen Lichtes rückgängig zu machen ist. Das ließ den Gedanken aufkommen, daß das mikrosomale Cytochrom P_{450} an dieser Hydroxylierungsreaktion beteiligt ist. Am gleichen System fanden dann Omura und Mitarbeiter, daß die CO-Hemmung der C-21-Hydroxylierung von Steroiden besonders durch Licht von der Wellenlänge 450 nm wieder aufzuheben ist. Auch in einem System aus Lebermikrosomen, das Kodein zu Morphin oxydativ demethyliert sowie andere oxydative Reaktionen katalysiert, fanden die Autoren eine CO-Hemmbarkeit dieser Reaktionen, die wiederum durch Licht der Wellenlänge 450 nm aufzuheben ist. Damit war die Annahme von Orrenius gesichert, daß das CO-bindende Pigment der Mikrosomen (Cytochrom P_{450}) das gemeinsame sauerstoffaktivierende Enzym in dieser $NADPH_2$-abhängigen Redoxkette ist. Bereits Strittmatter und Ball machten darauf aufmerksam, daß der Hämingehalt der Lebermikrosomen nicht dem Gehalt an Cytochrom b_5 entspricht. Wie Omura und Sato dann an Kaninchenlebermikrosomen nachweisen konnten, waren ungefähr 60% des Protohämingehaltes der Mikrosomen an das Cytochrom P_{450} gebunden. Diese Autoren wiesen auch nach, daß das Cytochrom P_{450}, wenn es mit Detergentien (Desoxycholat) behandelt oder aber unter anaeroben Bedingungen mit Phospholipase inkubiert wird, in ein Pigment umgewandelt wird, dessen CO-Komplex bei 420 nm absorbiert. Dieses Pigment wurde Cytochrom P_{420} genannt. Bereits bei einem molaren Verhältnis $CO/O_2 = 1$ ist eine 50prozentige Hemmung der katalytischen Eigenschaften des Cytochrom P_{450} zu verzeichnen. Im Gegensatz dazu liegt vergleichsweise das Oxyhämoglobin, wie auch die Cytochromoxydase, bereits bei einem Verhältnis $CO/O_2 = 1/200$ zur Hälfte als CO-Komplex vor. Damit wird erklärlich, daß die Hemmung der oxydativen Reaktionen, die durch das Cytochrom P_{450} katalysiert werden, von dem relativen Verhältnis CO/O_2 in der Atmosphäre abhängen. Mit der Stopped-flow-Apparatur konnten Omura, Estabrook und Sato (1965) die Kinetik der Kohlenmonoxydbindung an Cytochrom P_{450} messen. Sie fanden eine Gleichgewichtskonstante von $2 \cdot 10^7$ Mol/l für die Reaktion von Kohlenmonoxyd mit reduziertem Cytochrom P_{450}. Ebenso konnten die Assoziations- und Dissoziationskonstanten des Cytochrom-P_{450}-CO-Komplex im Vergleich zu anderen Hämoproteinen bestimmt werden.

In den folgenden Jahren war das Cytochrom P_{450} eines der meistuntersuchten mikrosomalen Fermente. So wurde Näheres über die Struktur dieses Hämoproteins und über die Kinetik der mikrosomalen Oxydation an Cytochrom P_{450} bekannt. Eingehend wurden die Änderungen des UV-Differenzspektrums des Cytochrom P_{450} bei Einführung anderer Liganden untersucht. Auch die Anlagerung verschiedener lipophiler Substanzen, deren Oxydation durch Cytochrom P_{450} katalysiert wird, wurde experimentell verfolgt. Weiterhin wurde die Bindung des Eisens im Coenzym durch Messung der Elektronenspinresonanz untersucht.

OMURA und SATO beschrieben 1964, daß es möglich ist, das Cytochrom P_{450} durch Einwirkung von Proteasen, verschiedener Harnstoffderivate, SH-Reagenzien oder Detergentien in das Cytochrom P_{420} umzuwandeln. Cytochrom P_{420} zeigt im Gegensatz zum Cytochrom P_{450} das typische Absorptionsspektrum anderer bekannter Hämoproteide. Das Cytochrom P_{450} ist nach OMURA und SATO das in die mikrosomale Membran eingebaute Hämoprotein, während das Cytochrom P_{420} das aus der Membranstruktur herausgesprengte Hämoprotein ist. ICHIKAWA und seine Mitarbeiter (1967) untersuchten die Umwandlung der beiden Hämoproteidformen ineinander und fanden, daß die Struktur des Cytochrom P_{450} besonders durch hydrophobe Bindungen im Komplex aufrechterhalten wird und daß es sich um ein Lipoproteid handelt. Organische Stoffe, die die hydrophobe Bindung — wahrscheinlich handelt es sich hier um die Bindung des Hämoproteids in die Membranstruktur — stören können (z. B. Harnstoff), führen zur Umwandlung des Cytochrom P_{450} in das Cytochrom P_{420}. Es gelingt nach ICHIKAWA auch, Cytochrom P_{420} wieder in das Cytochrom P_{450} zurückzuführen, wenn man Polyalkohole oder reduziertes Glutathion einwirken läßt. Dabei ist die Rückstrukturierung von Cytochrom P_{420} in Cytochrom P_{450} abhängig von der Reaktionstemperatur und der Wasserstoffionenkonzentration des reagierenden Systems, während die Ionenstärke des Mediums nur wenig Einfluß auf die Restrukturierung hat. Ist allerdings das Cytochrom P_{420} nicht mehr nativ, wie es unter Einwirkung von Alkoholen oder Phenolen auftritt, ist es nicht mehr in Cytochrom P_{450} restrukturierbar. Infolge der Änderung der hydrophoben Bindungsverhältnisse im Cytochrom P_{450} unter einer Umwandlung in Cytochrom P_{420} ändert sich möglicherweise die Proteinstruktur des Apoenzyms, wie sich auch die Orientierungsebene der Hämscheibe zum Apoenzym nach den Angaben von ICHIKAWA ändert.

Mehreren Untersuchern gelang es, nach Netzmittellyse mikrosomaler Membranen (Digitonin, Lubrol WX) mit anschließender Aufreinigung des Cytochrom P_{450} sowie auch mit Messungen trüber Mikrosomensuspensionen gegen peroxydgebleichte Suspensionen absolute Spektren des Cytochrom P_{450} zu messen. Es stellte sich dabei das typische Spektrum eines b-Cytochroms dar: Soretbande bei 416 nm, weitere Banden bei 360, 535, 570 und 650 nm (SATO, NISHIBAYASHI und ITO, MITANI, ALVARES u. a., STASIW, BROWN u. a.).

IMAI und SATO sowie NISHIBAYASHI beschrieben typische Änderungen des UV-Spektrums des Cytochrom P_{450} unter der Bindung verschiedener lipophiler Liganden (Äthylisocyanid, Anilin und Pyridin). Lagern sich diese Liganden an das reduzierte Cytochrom P_{450} an, so treten im Ultraviolettspektrum des Komplexes zwei atypische Banden auf. Eine Absorptionsbande findet sich bei 430 nm, die andere bei 455 nm. Die Ausbildung dieser Absorptionsbanden ist weitgehend abhängig vom pH-Wert des Inkubationssystems. Bei Ansteigen des pH-Wertes nimmt die Höhe der Absorption bei 455 nm ständig zu, während die Höhe der Absorption bei 430 nm gleichzeitig abnimmt. Gleichen Einfluß hat ein Anstieg der Ionenstärke im verwendeten Inkubationsmedium. Wird der Komplex in einem 0,2 M Puffer inkubiert, so ist die Absorption bei 430 nm wesentlich höher als bei 455 nm, während beim Absinken der Ionenstärke ($<$0,05 M Puffer) die Absorption bei 455 nm die Höhe der Bande bei 430 nm übertrifft. Auf Grund dieses, für ein Hämoproteid atypischen UV-Spektrums, diskutieren IMAI und SATO, daß im System zwei unterschiedliche Formen von Cytochrom P_{450} vorliegen, die pH-abhängig im Gleichgewicht miteinander stehen. Dabei erweist es sich als unwesentlich, ob das Cytochrom P_{450} durch Zugabe von Dithionit oder aber durch $NADPH_2$ reduziert wird. Wird das Cytochrom P_{450} vor Einwirken von Äthylisocyanid oxydiert, so tritt ein anderes Differenzspektrum auf. Es zeigt sich jetzt eine Absorptionsbande bei 434 nm und zusätzlich treten zwei niedrige Absorptionsbanden bei 555 und 590 nm auf. In jedem Falle konnten NISHIBAYASHI, OMURA und SATO nachweisen, daß es sich hier um ein spezifisches Differenzspektrum des Cytochrom P_{450} handelt und daß die Beimengung anderer Hämproteide, wie Hämoglobin, Myoglobin, Cytochrom b_5 u.s.w., für die Ausbildung dieses Spektrums unwesentlich sind. Wird das Cytochrom P_{450} in das Cytochrom P_{420} umgewandelt, so bindet dieses Hämoproteid ebenfalls Äthylisocyanid, ohne daß es zu einer Änderung des UV-Spektrums im Vergleich zu anderen bekannten Hämoproteiden kommt. Wie IMAI und SATO ebenfalls nachweisen konnten, kommt es unter Anlagerung von Äthylisocyanid in geringen Konzentrationen zu einer Aktivierung der Anilinhydroxylierung, während höhere Konzentrationen Äthylisocyanid an das Cytochrom P_{450} angelagert, zu einer Hemmung der Hydroxylierungsreaktion führen. Die Autoren diskutieren, daß es durch geringe Äthylisocyanid-Konzentrationen zu einer Aktivierung des Cytochrom P_{450} kommt, während höhere Konzentrationen mit dem Sauerstoff um die Bindung am Cytochrom P_{450} konkurrieren und so zu einer kompetitiven Hemmung der Hydroxylierungsreaktion führen. Als Ort der Isocyanidbindung kann man sowohl das Coenzym diskutieren als auch eine Bindungsstelle am Apoenzym. Diese Frage konnte bisher nicht entschieden werden.

Ebenso wie die Bindung lipophiler Substanzen am Cytochrom P_{450}, die eine Änderung im Absorptionsspektrum dieses Hämoproteids bewirken, kommt es unter Einwirkung verschiedener Substrate, die unter Mitwirkung des Cytochrom P_{450} oxydativ verändert werden, zu typischen Änderungen im UV-Differenzspektrum von Lebermikrosomen. Diese Änderungen im Spektrum resultieren aus einer Anlagerung der zu oxydierenden Substanzen an das Cytochrom P_{450}. REMMER, SCHENKMANN und ESTABROOK beschrieben 1965 zwei typische Spektraländerungen in Lebermikrosomen unter der Anlagerung von Substanzen, die durch Katalyse des Cytochrom P_{450} oxydativ verändert werden. Unter der Anlagerung von Barbituraten und Aminopyrin kommt es im Differenzspektrum von Lebermikrosomen zu einem Absorptionsminimum bei 420 nm, während ein Absorptionsmaximum bei 385 nm zu beobachten ist (Typ I). Gibt man dem System $NADPH_2$ im Überschuß zu, so verschiebt sich das Absorptionsminimum bei 420 nm zu 423 nm. Interessant war die Beobachtung der Autoren, daß sich auch unter der Einwirkung von SKF 525 A (β-diäthylaminoäthyldiphenylpropylazetat), einem Hemmstoff des oxydativen Pharmakonabbaus in Mikrosomen, dieses typische Differenzspektrum mit einem Minimum bei 420 nm und einem Absorptionsmaximum bei 385 nm ausbildet. Dagegen führt die Einwirkung von Anilin oder aber Dichlorphenylphenoxyäthylamin, einem anderen Hemmstoff mikrosomaler Enzyme, zu einem gänzlich anderen Differenzspektrum: Hier kommt es bei 390 nm zu einem Ab-

Cytochrom P_{450}-Pharmakon-Komplex mit unterschiedlichem Differenzspektrum

Typ I	Typ II
u. a. Aminopyrin	u. a. Anilin
Hexobarbital	Nikotinamid
SKF-525 A	Dichlorphenylphenoxyäthylamin
Äthylmorphin	Pyridin
	Imidazol
	Desdimethylimipramin

(nach SESAME und GILETTE 1969)

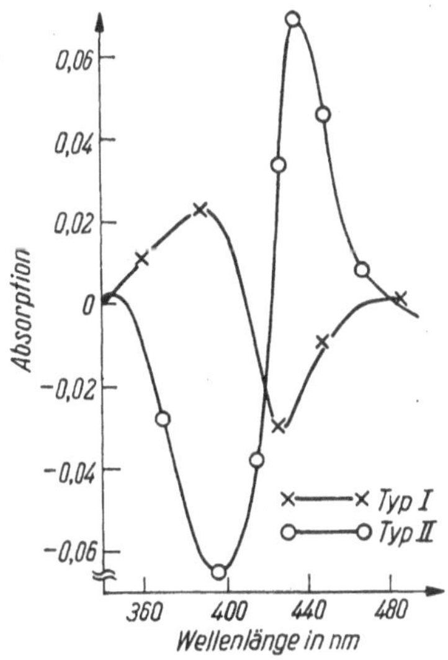

Abbildung 37

sorptionsminimum, während bei 430 nm ein Absorptionsmaximum zu beobachten ist (Typ II). Wird diesem System $NADPH_2$ im Überschuß zugegeben, so kommt es wiederum zu einer Verschiebung des Absorptionsmaximums von 430 nach 435 nm. Das Erscheinen eines neuen Differenzspektrums des Cytochrom P_{450} in Gegenwart einer oxydierenden Substanz deuten REMMER und SCHENKMANN als Zeichen einer Komplexbildung zwischen Substanz und Cytochrom P_{450}, während die beiden unterschiedlichen Formen nach Meinung der Autoren auf dreierlei Weise erklärbar wären: 1. Es ist möglich, daß unabhängig voneinander zwei unterschiedliche Cytochrom-P_{450}-Formen in den Mikrosomen vorliegen, wobei die Anlagerung der oxydierbaren Substanz an eine bestimmte Form zu einem der beiden Differenzspektren führt. 2. Es ist möglich, daß sich die beiden unterschiedlichen Substanzgruppen an zwei verschiedenen Stellen eines Cytochrom P_{450} binden und so zu einer unterschiedlichen Strukturänderung des Apoenzyms unter der Ausbildung des Enzym-Substrat-Komplexes führen. 3. Es ist zu diskutieren, ob das Cytochrom P_{450} in Anwesenheit molekularen Sauerstoffs in einer aktivierten Form vorliegt und erst unter der Bindung des oxydierbaren Substrates eine Elektronenverschiebung in dem Enzym-Substrat-Komplex erfolgt. Dabei wäre zu diskutieren, daß unter der Bindung der beiden Substanzgruppen eine unterschiedliche Elektronenverschiebung in dem Enzym-Substrat-Komplex erfolgt, was zu unterschiedlichen Differenzspektren führen könnte. Die Gültigkeit einer dieser Hypothesen konnte bis heute jedoch nicht nachgewiesen werden. Gegen die Annahme, daß sich die beiden Substanzgruppen an verschiedenen Orten des Enzyms binden, spricht die Beobachtung von Mc Lean, der unter Bindung von Tetrachlorkohlenstoff an das Cytochrom P_{450} in Lebermikrosomen das Auftreten der einen Form der beiden Spektren fand (Typ I). Wurde dem System Anilin im Überschuß zugegeben, so bildete sich das andere Differenzspektrum aus (Typ II). Hier hatte also eine Substanz der Gruppe II nach Remmer und Schenkmann eine Substanz der Gruppe I von ihrem Bindungsort am Cytochrom P_{450} verdrängt, was für einen gemeinsamen Bindungsort an einem Hämoproteid spricht. Imai und Sato fanden 1967, daß eine Konformationsänderung am Apoenzym des Cytochrom P_{450} Ursache für das Auftreten unterschiedlicher Differenzspektren unter der Bindung einer oxydierbaren Substanz sein kann. Sie sahen in Gegenwart niedriger Konzentrationen kurzkettiger Alkohole (0,5—0,9 M) ein ähnliches Differenzspektrum, wie es nach Anlagerung einer Fremdsubstanz an das Cytochrom P_{450} zu beobachten ist. Diese Alkoholkonzentrationen führten an anderen Proteinen zu einer sicheren Konformationsänderung, so daß die Autoren daraus schließen, daß auch am Apoenzym des Cytochrom P_{450} eine gleiche Konformationsänderung Ursache der Absorptionsänderungen ist.

Degkwitz, Ullrich und Staudinger bestimmten die Michaelis-Konstante verschiedener Cytochrom-P_{450}-Substrat-Komplexe. Sie fanden bei der Bindung von Hexobarbital eine Michaelis-Konstante von ca. $1 \cdot 10^{-4}$ M.

Rikans und van Dyke (1961) fanden in Rattenlebermikrosomen nach Netzmittellyse und DEAE-Zellulose-Chromatographie ein CO-bindendes Cytochrom mit Absorptionsmaxima bei 418,522 und 552 nm im reduzierten Zustand. Sie nehmen an, daß es sich hier um ein vom Cytochrom P_{450} zu unterscheidendes Cytochrom handelt.

Wie viele Autoren nachweisen konnten (Remmer und Merker, Orrenius und Ernster u. a.) kommt es nach mehrfacher Behandlung von Versuchstieren mit lipophilen Substanzen, wie z. B. Phenobarbital, zu einem Anstieg des $NADPH_2$-abhängigen mikrosomalen Pharmakonabbaus. Diese Erscheinung wurde bereits von Conney dann auch von Remmer sowie Mannering als Enzyminduktion erkannt. Wie die Analyse der mikrosomalen Enzyme an so induzierten Versuchstieren zeigte, kommt es sowohl zu einem Anstieg der $NADPH_2$-Cytochrom-c-Reduktase in Lebermikrosomen als auch zu einem Anstieg der absoluten Menge an Cytochrom P_{450}. JICK und SHUSTER analysierten diesen Anstieg der mikrosomalen $NADPH_2$-Cytochrom-c-Reduktase in Mäuselebern nach Phenobarbital-Vorbehandlung und fanden, daß es nicht nur zu einer vermehrten Neusynthese dieses Enzyms kommt, sondern auch zu einem verminderten Turnover. Darüber hinaus fanden KURIYAMA, OMURA u. a. (1969), daß sich die durch eine Phenobarbitalgabe induzierte $NADPH_2$-Cytochrom-c-Reduktase chromatographisch und immunochemisch nicht von dem gleichen Enzym unterschied, das bereits vor der Induktion in den Mikrosomen nachzuweisen war. Cytochrom b_5 nahm im Gegensatz zu der $NADPH_2$-Cytochrom-c-Reduktase unter der Inkubation nicht zu. Nach Absetzen der Phenobarbitalgabe kommt es zum vermehrten Abbau der induzierten Reduktase, was zusammen mit einer herabgesetzten Neusynthese den Enzymspiegel in den Mikrosomen wieder auf die Norm absinken läßt. ARIAS u. a. fanden unter Phenobarbital zwar eine vermehrte Synthese der $NADPH_2$-Cytochrom-c-Reduktase, jedoch war der Abbau auch nach Absetzen des Induktors nicht verändert. TAKAHASHI und KATO (1969) konnten zeigen, daß „Toxohormon" ein Faktor, der sich aus frischem Gewebe eines Carcinosarkoms (Walker 256) gewinnen läßt, in vivo zu einem Abfall des Cytochrom P_{450} in Lebermikrosomen führt. Gleichzeitig sinkt der Pharmakonabbau und die Steroidhydroxylierung durch diese Mikrosomen ab. Da es durch Induktion mit unterschiedlichen Substanzen zu unterschiedlichen Differenzspektren unter Anlagerung von Äthylisocyaniden kommt, gewann die Hypothese von IMAI und SATO wieder an Aktualität, die zwei verschiedene Cytochrom-P_{450}-Formen in den Mikrosomen annimmt. So konnten z. B. SLADEK und MANNERING zeigen, daß nach einer Vorbehandlung mit Methylcholanthren, die zur Induktion einer N-Demethylase in Mikrosomen führt, ein Anstieg der Bande bei 455 nm im Isocyanidkomplex des Cytochrom P_{450} nachzuweisen war. Dagegen war nach Phenobarbitalvorbehandlung ein Cytochrom P_{450} in den Mikrosomen vermehrt, das im Isocyanidkomplex eine Bande bei 430 nm aufweist. LANGE konnte zeigen, daß in isolierten Mikrosomen aus Kaninchenleber die Aktivität der N- und p-Hydroxylierung von Anilin und N-Äthylanilin und die Dealkylierung von N-Äthylanilin parallel zum Gehalt des mikrosomalen Gesamt-Cytochrom P_{450} zunimmt. Dabei nimmt bei Anstieg der dealkylierenden Aktivität das Cytochrom P_{450} zu, das im Äthylisocyanid-Komplex eine Bande bei 430 nm zeigt. Dagegen geht ein Anstieg der N-Hydroxylierung mit einem Anstieg eines Cytochrom P_{450} einher, das im Isocyanidkomplex bei 455 nm ein Absorptionsmaximum zeigt. Auch hier fand sich so eine isolierte Induktion verschiedener Cytochrom-P_{450}-Formen. Auch fand BURSTEIN (1967), daß zwei Meerschweinchenstämme, die sich durch einen unterschiedlichen oxydativen Pharmakonabbau in ihren Nebennierenrindenmikrosomen auszeichneten, hier jeweils bevorzugt die eine oder die andere Form der beiden Cytochromtypen aufwiesen. DEGKWITZ, ULLRICH und STAUDINGER wiesen 1969 nach, daß Rattenlebermikrosomen bei Einsatz der beiden optischen Isomeren des Hexobarbital deutlich unterschiedliche Stoffwechselkinetiken zeigen. Rechtsdrehendes Hexobarbital als Substrat wurde 1,6 mal schneller verstoffwechselt als linksdrehendes Hexobarbital. Nach Vorbehandlung mit Phenobarbital kam es zu einem Anstieg des oxydativen Abbaus gegenüber der rechtsdrehenden Hexobarbitalform. Auch unterschieden sich die Michaeliskonstanten beider optischer Isomeren gegenüber dem Cytochrom P_{450}. Auch diese Autoren diskutieren, daß hier zwei unterschiedliche Cytochrom-P_{450}-Formen an dem oxydativen Abbau der beiden, nur in ihrer optischen Aktivität unterschiedlichen Substrate beteiligt sind. So scheint die ursprüngliche Annahme von Imai und Sato gestützt, daß zwei Cytochrom-P_{450}-Formen in den Mikrosomen existieren, die möglicherweise pH-abhängig ineinander zu überführen sind, die jedoch unterschiedlich an dem oxydativen mikrosomalen Stoffwechsel beteiligt sind.

Neben der bereits besprochenen $NADPH_2$-Reduktase (Flavoprotein) und dem Cytochrom P_{450} scheinen noch andere Komponenten an der $NADPH_2$-abhängigen mikrosomalen Elektronentransportkette beteiligt zu sein. So fanden Cooper, Narasimhulu und Rosenthal 1964 in einer isolierten Mitochondrienfraktion, die durch Ultraschall zerstört und dann zentrifugiert wurde, einen opaleszierenden Überstand, der neben Cytochrom P_{450} auch $NADPH_2$-Reduktase-Aktivität aufwies. Durch langzeitige, hochtourige Zentrifugation konnten sie aus diesem Überstand eine partikuläre Fraktion abzentrifugieren, die Cytochrom P_{450} enthielt. Dabei blieb die $NADPH_2$-Reduktase-Aktivität im Überstand. Dieser Überstand wurde durch Ammoniumsulfatfällung, Sephadex-Filtration und DEAE-Cellulose Chromatographie in zwei Komponenten aufgetrennt, von denen die eine einem gereinigten Flavoprotein und die andere einem Nichthämeisenprotein entsprach. Dieses Nichthämeisenprotein erwies sich mit dem früher beschriebenen Ferredoxin aus Spinat und dem „roten Protein" aus *Chlorella* (Gewitz und Völker 1962) identisch. Wie auch andere Autoren zeigen konnten, ist dieses Nichthämeisenprotein ein Zwischenglied in der $NADPH_2$-abhängigen Redoxkette, das zwischen dem Flavoprotein und dem Cytochrom P_{450} liegt. Es zeigt im reduzierten Zustand in der Elektronenspinresonanz die Charakteristik eines high-spin-Komplexes (Signal bei $g = 1{,}94$), während es im oxydierten Zustand in einem low-spin-Komplex vorzuliegen scheint.

Neben diesem Nichthämeisenprotein fanden Hashimoto und Mitarbeiter 1962 in Elektronenspinresonanz-Untersuchungen ein Hämoprotein in glatten und ribosomenbesetzten mikrosomalen Membranen der Kaninchenleber, das sie als mikrosomales Fe_x bezeichneten. Dieses mikrosomale Hämoproteid zeigte in der Elektronenspinresonanz Signale bei $g = 1{,}91$; 2,25 und 2,41, die den Charakter eines low-spin-Eisenhämoproteids tragen. Ichikawa und Yamano konnten dabei zeigen, daß sich das mikrosmale Fe_x wie das mikrosomale Cytochrom P_{450} verhält. Bei Induktion mit Phenobarbital steigt es gleichermaßen wie das Cytochrom P_{450} an. Auch in seinem Verhalten gegen oberflächenaktive Substanzen, Chelatbildnern und SH-Gruppen-Reagenzien gleicht es dem Cytochrom P_{450}. Es ist ebenso wie das Cytochrom P_{450} durch $NADPH_2$ zu reduzieren und gleichermaßen leicht autoxydabel. Der Rückschluß, daß das mikrosomale Fe_x und das Cytochrom P_{450} identisch sind, war daher naheliegend. Jedoch wiesen Ichikawa und Yamano (1965) nach, daß sich mikrosomales Fe_x und Cytochrom P_{450} unter der Behandlung mit Desoxycholat und Alkalien verschieden verhielten. Während das Cytochrom P_{450}

zerstört wurde, ließ sich das mikrosomale Fe_x weiterhin anhand seiner Elektronenspincharakteristik nachweisen. Es scheint daher wahrscheinlich, daß das mikrosomale Fe_x einem Teil des Cytochrom P_{450}-Komplexes entspricht, wie das von MASON, NORTH und VANNESTA (1965) diskutiert wurde.

Neben diesen Funktionsproteinen der mikrosomalen Redoxketten sind noch weitere Komponenten in den mikrosomalen Elektronentransportketten nachzuweisen, die u. a. einen Einfluß auf die Proteinstruktur der Redoxenzyme haben können.

So scheint Kupfer als Cofaktor neben Eisen in einem Enzym-Protein-Komplex gebunden zu sein. NISHIBAYASHI, NAKAI und SATO zeigten auch, daß einige Naphtochinoderivate, wie das Vitamin K 3 (2-Methyl-1,4-Naphtochinon) sowie andere 1,2- oder 1,4-Naphtochinone, als Cofaktoren in der $NADPH_2$-abhängigen mikrosomalen Redoxkette der Leber eine Rolle spielen. Ob diesen Naphtochinonen jedoch in der direkten $NADPH_2$-abhängigen mikrosomalen Elektronentransportkette eine Funktion zuzuschreiben ist, konnte bisher nicht bewiesen werden. Möglicherweise wurden hier Nebenwege dieser Redoxkette katalysiert.

HOSOYA und MORRISON beschrieben 1967 in den Mikrosomen der Glandula thyreoidea des Schweines ein Hämoproteid, welches mit Cyaniden Komplexe bilden kann. Das Cyanid-Differenzspektrum dieser Mikrosomen zeigte ein Absorptionsmaximum bei 428 nm und ein Absorptionsminimum bei 402 nm. Dieses Hämoproteid scheint in einer Konzentration von $0{,}066 \cdot 10^{-9}$ Mol/mg mikrosomales Protein vorzuliegen. Gleichzeitig konnten die Autoren Cytochrom b_5 in einer Konzentration von $0{,}035 \cdot 10^{-9}$ Mol/mg mikrosomales Protein nachweisen, nicht jedoch Cytochrom P_{450}, P_{420} oder mikrosomales Fe_x. Die Autoren meinen, daß in den Mikrosomen der Gl. thyreoidea anstatt des Cytochrom P_{450} ein anderes Hämoproteid zu finden ist, welches mit Cyaniden Komplexe bildet. Da diese Mikrosomen eine hohe Peroxydaseaktivität zeigen, meinen die Autoren, daß diese Peroxydaseaktivität mit dem gefundenen Hämproteid identisch ist. Ein direkter Nachweis, daß dieses Hämproteid in der mikrosomalen Redoxkette eine Rolle spielt, wurde jedoch nicht geführt.

SHICHI und KURADO wiesen 1966 in den Mikrosomen vom Rinderherz ein Hämoproteid nach, das eine extrem niedrige Peroxydaseaktivität zeigte. Dieses Hämproteid absorbiert in reduzierter Form (pH 9,5) bei 423, 530 und 595 nm, bildet mit Kohlenmonoxyd Komplexe und ist in reduzierter Form schnell autoxydabel. Dieses bisher nicht näher identifizierte Hämoproteid wurde anhand seiner typischen β-Absorptionsbande als Hämoprotein 595 bezeichnet. Über die funktionelle Bedeutung dieses Hämoproteins ist bisher nichts bekannt.

Wenig wissen wir auch darüber, wie die Fermentproteine der $NADPH_2$-abhängigen Elektronentransportkette der Mikrosomen über die verschiedenen Organe und Gewebe verteilt sind. SUGIMURA und Mitarbeiter untersuchten 1966 die Enzymverteilung in Mikrosomenfraktionen von normalen Rattenlebern und verschiedenen Hepatomen. Dabei fanden sie, daß es in den Yoshida-Hepatomen AH 130 und AH 371 und in embryonalen Lebern zu einem massiven Absinken der Cytochrome b_5 und -P_{450}, sowie auch der $NADPH_2$-abhängigen und $NADH_2$-abhängigen

Reduktasen kam. Der Abfall der Aktivität dieser Funktionsproteine korrelierte dabei ungefähr mit der ansteigenden Wachstumsrate in den Hepatomen.

Eingriffe, die die Struktur der mikrosomalen Membranen zerstören, haben einen Einfluß auf die enzymatische Aktivität der meisten hier behandelten Funktionsproteine, die ja Teil der Membranstruktur sind, wie bereits ausgeführt wurde. Im vorigen Abschnitt wurde auf die mikrosomale Lipidperoxydation hingewiesen. Ungesättigte Phospholipidseitenketten der Membranphospholipide können durch eine Peroxydation aufgebrochen werden. Dadurch kommt es oft zu einer Zerstörung der mikrosomalen Membranen. Wie die Studien von WILLS und anderen Autoren zeigten, wird die Lipidoxydation enzymatisch katalysiert und hängt von der Aktivität der $NADPH_2$-abhängigen mikrosomalen Elektronentransportkette ab. Neben dieser enzymkatalysierten Lipidperoxydation findet man im isolierten System auch eine Peroxydation durch Askorbinsäure, die sich jedoch als nichtenzymatisch erwies. Es ist bis heute nicht geklärt, ob in vivo eine Lipidperoxydation innerhalb der mikrosomalen Membranstruktur eine Rolle spielen kann. Am isolierten System jedoch kann man nachweisen, daß die Lipidperoxydation ein Seitenweg der $NADPH_2$-abhängigen mikrosomalen Elektronentransportkette darstellt und wahrscheinlich durch das bisher wenig bekannte Nichthämeisenprotein, dem Ferredoxin, in den Mikrosomen katalysiert wird. Sowohl durch die Einwirkung von Netzmitteln als auch von SH-Reagenzien, wie Parachlormercuribenzoat oder aber unter einer Wärmedenaturierung der Mikrosomen wird die Lipidperoxydation durch $NADPH_2$ völlig aufgehoben. Wie WILLS weiter nachweisen konnte, wird die enzymatische Lipidperoxydation in Mikrosomen gehemmt, wenn vermehrt eine Amidopyrinoxydation erfolgt. Somit scheinen die Lipidperoxydation an Ferredoxin und die Cytochrom-P_{450}-Reduktion kompetitive Prozesse zu sein, die sich einander ausschließen. Wird die Struktur des Ferredoxin durch Chelatbildner zerstört, die das Nichthämeisen des Ferredoxins binden können, so erlischt die Lipidperoxydation mit der Chelateinwirkung. Wie bereits 1966 von ROUBAL und TAPPEL nachgewiesen wurde, vermögen Lipidperoxyde Proteine, Lipide und Aminosäuren zu zerstören und zu unspezifischen Polymerisationen an Proteinen zu führen. Auch erscheint es möglich, daß in vivo eine Zerstörung von Funktionsproteinen durch eventuell auftretende Lipidperoxyde im mikrosomalen Stoffwechsel eine Rolle spielen kann. WILLS diskutiert auch, daß Zerstörung von Membranlipiden durch eine Lipidperoxydation ein physiologischer Vorgang sein könnte, der zur Umstrukturierung mikrosomaler Membranen beitragen kann. Jedoch konnte bis heute nicht sicher nachgewiesen werden, ob diese enzymkatalysierte Peroxydation mikrosomaler Lipide für den Stoffwechsel in vivo eine Rolle spielt.

Eine Isolierung der Funktionsproteine der mikrosomalen Redoxketten, ohne daß sich deren Aktivität oder deren typisches UV-Differenzspektrum ändert, ist bisher nicht gelungen. Das stimmt auch mit der Annahme überein, daß es sich hier um membrangebundene Funktionsproteine handelt.

Ähnlich wie die Präparation mitochondrialer Elektronentransportpartikel gelang es 1966 MAC LENNAN, TZAGALOFF und MC CONNEL, sogenannte mikrosomale

Elektronentransportpartikel zu präparieren. Durch vorsichtige Einwirkung von tertiärem Amylalkohol konnten sie dabei aus einer nativen Mikrosomenfraktion Strukturpartikel isolieren, die elektronenoptisch als Membranvesikel imponierten und aus Subpartikeln von 50 Å Durchmesser bestanden, in denen einzelne Enzymaktivitäten der mikrosomalen Redoxkette um das Mehrfache angereichert waren. Die Autoren konnten so eine Fraktion präparieren, die $NADH_2$-abhängige Cytochrom-c-Reduktase-Aktivität mit einer 10- bis 15fachen Steigerung gegenüber nativen Mikrosomen zeigte. In diesen Partikeln, die in Gegenwart von Gallensäuren löslich waren, war Cytochrom b_5 und Flavinadeninnukleotid in einem Verhältnis 1 : 1 neben Phospholipid und einem Nichthämeisen nachzuweisen. Ebenso gelang es den Autoren, Partikelkomplexe anzureichern, die das Cytochrom P_{450} in unveränderter Struktur enthielten, wie anhand des UV-Differenzspektrums nachzuweisen war. Außer dem Cytochrom P_{450} enthielten diese Komplexe noch eine Flavingruppe und ein Nichthämeisen. Dieser Partikelkomplex zeigte eine 4- bis 5fach angereicherte Aktivität an Cytochrom P_{450}, verglichen mit nativen Mikrosomen. Mit diesen Untersuchungen wurde angedeutet, daß die Funktionsproteine der mikrosomalen Redoxketten nicht nur strukturabhängig an die Mikrosomenmembran gebunden sind, sondern daß sie hier auch in Makroenzymkomplexen vorzuliegen scheinen, die wahrscheinlich die vektorielle Enzyminteraktion begünstigen, wenn nicht sogar erst ermöglichen. Damit sind parallele Befunde erhoben worden, wie sie von mitochondrialen Elektronentransportpartikeln bekannt sind.

3.2.3.2. Mikrosomale Nukleosid-Phosphatasen

Novikoff und Mitarbeiter beschrieben 1952 eine Mg^{++}-aktivierbare ATPase in Rattenlebermikrosomen. Dieses Enzym konnte auch in anderen Organen nachgewiesen werden, so z. B. in Mikrosomen von Muskelhomogenaten, wo seine funktionelle Bedeutung für die zytoplasmatische fibrilläre Aktivität von Abood und Romanchek gezeigt werden konnte. Ernster, Siekevitz und Palade fanden die ATPase-Aktivität in Rattenlebermikrosomen besonders in den Membranen konzentriert, an die auch die Gesamtaktivität der $NADH_2$-Cytochrom-c-Reduktase und der Glukose-6-Phosphatase gebunden war. Damit war bewiesen, daß die ATPase-Aktivität an die mikrosomalen Membranen, nicht an die ebenfalls in der Mikrosomenfraktion vorliegenden Ribosomen gebunden ist. Ernster und Jones zeigten (1962), daß neben Adenosintriphosphat die Triphosphate von Guanosin, Uridin, Cytidin und Inosin gespalten werden. Die Spaltung dieser Triphosphate in Diphosphate und Orthophosphat konnte durch Dithionit stimuliert, durch Atebrin, Chlorpromazin, Natriumazid und Desaminothyroxin gehemmt werden. Wurde die Mikrosomenfraktion mit Natriumdesoxycholat behandelt, so zeigten sich die Nukleosidtriphosphatasen maximal gehemmt. Lediglich die Freisetzung von Orthophosphat aus Guanosintriphosphat (GTP) und Uridintriphosphat (UTP) konnte durch geringe Dosen Natriumdesoxycholat stimuliert werden. Anders verhielten sich die Nukleosiddiphosphatase-Aktivitäten in den untersuchten Rattenlebermikrosomen. Hier konnten eine ADPase-, eine CDPase-, eine GDPase-, eine IDPase- und eine UDPase-Aktivität nachgewiesen werden. Dabei wirkte jedoch die Zerstörung der Membranstrukturen durch Desoxycholat oder durch mechanische Behandlung (Ultrabeschallung) stimulierend auf diese Aktivitäten. Die Nukleosiddiphosphatase-Aktivitäten fanden sich im löslichen Überstand einer so behandelten Mikrosomenfraktion wieder. Es zeigte sich ein deutlicher Unterschied von GDPase, UDPase und IDPase gegenüber der ADPase und CDPase, die durch Desoxycholatbehandlung nicht aktiviert, in geringem Maße sogar in ihrer Aktivität gehemmt wurden. Generell waren die Nukleosiddiphosphatasen durch Natriumdithionit nicht zu beeinflussen, durch Natriumacid und Desaminothyroxin zu hemmen, nicht jedoch durch Atebrin oder Chlorpromazin, wie die Nukleosidtriphosphatasen. Die genannten Eigenschaften beweisen, daß die Nukleosiddiphosphatasen zwar in vitro an die Mikrosomenfraktion gebunden sind, jedoch ihre Aktivität durch die Bindung an die Membran nicht wesentlich beeinfluß wird. Die Autoren nahmen an, daß diese Fermente entweder in den mikrosomalen Vesikeln gelöst sind oder aber an der Innenseite der endoplasmatischen Membranen locker und unspezifisch gebunden sind, so daß sie in einer intakten Mikrosomenfraktion durch das Substrat (Nukleosiddiphosphate sind nicht durch die Membran permeabel) nicht erreicht werden können. Daher ist eine gesteigerte Aktivität nachweisbar, wenn die Membranschranke durch Netzmitteleinwirkung oder mechanische Einwirkung zerstört wird. Im Gegensatz zu den Nukleosidtri- und -diphosphatasen wiesen die untersuchten Mikrosomenfraktionen eine relativ geringe Aktivität an Nukleosidmonophosphatasen und anorganischen Pyrophosphatasen auf, die darüber hinaus weder durch Desoxycholatbehandlung noch durch mechanische Zerstörung der Mikrosomenmembran in ihrer Aktivität zu beeinflussen waren. Song, Tandler und Bodanski fanden in menschlichen Lebermikrosomen eine 5-Nukleotidase, die durch Zerstörung der Membran in Lösung zu bringen ist und danach durch Reassoziation von Membranvesikeln wieder in diesen Vesikeln gebunden erscheint. An Rattenlebermikrosomen führten Song, Nisselbaum und Tandler dann den Nachweis, daß sich die 5-Nukleotidase der Mikrosomen nicht gelöst in dem Vesikelvolumen befindet, sondern daß sie an die Mikrosomenmembran locker gebunden ist, jedoch durch die Bindung in ihrer Aktivität nicht beeinflußt wird. Alle weiteren Studien an mikrosomalen Nukleosid-Phosphatasen wurden in der Folgezeit vor allem an Hirnmikrosomen und Mikrosomen aus der Muskelzelle sowie an mikrosomalen Fraktionen aus Ehrlich-Ascites-Carcinomzellen durchgeführt. In jedem Falle war zu klären, ob die untersuchten mikrosomalen Nukleosid-Phosphatase-Aktivitäten an die mikrosomalen Membranen gebunden waren, oder ob es sich um Aktivitäten aus kontaminierten Zytoplasmamembrananteilen bzw. Mitochondrien handelt. Dieses methodische Problem wurde für die Ehrlich-Ascites-Carcinomzellen vernachlässigt, jedoch weitgehend bei den Hirnmikrosomen berücksichtigt. Mikrosomen aus Muskelzellen nehmen eine Sonderstellung ein, da sie aus den Elementen des T-Systems und des L-Systems zusammengesetzt sind. Das T-System ist als Einstülpung der Sarkoplasmamembran definiert worden und ist so Teil der äußeren Zellmembran. Hier ist eine echte Differenzierung zwischen ATPase der Plasmamembran und mikrosomaler ATPase nicht möglich. Die folgenden Studien wurden hauptsächlich an Mikrosomen von Nervenzellen durchgeführt. SKOU wies 1947 in Mikrosomen von Nerven des Taschenkrebses eine magnesiumabhängige ATPase nach, die zusätzlich durch Natrium- und Kaliumionen zu stimulieren und durch Ouabain teilweise zu hemmen ist. In den folgenden Jahren wurde durch verschiedene Laboratorien die Kinetik der mikrosomalen ATP-Spaltung untersucht. Dabei konnte gezeigt werden, daß es unter der Wirkung der Mg^{++}-ATPase bei Gegenwart von Na^{+} zu einer Übertragung der Phosphat-Gruppe des ATP auf eine Karboxylgruppe des Enzymproteins kommt. Bei Gegenwart von K^{+} wird diese Enzym-Phosphat-Gruppe vom Enzymprotein abgespalten und erscheint als freies, anorganisches Phosphat, womit die ATPase ihre alte Aktivität wieder gewinnt (SKOU 1957, SKOU 1965, JUDAH und AHMED 1956, ALLERS, FAHN und KOVAL 1963, GIBBS, RODDY und TITUS 1965, HEMS und RODNIGHT 1966, NAGANO, KANAZAWA u. a. 1965 sowie CHIGNELL und TITUS 1968). Die ATP-Spaltung durch mikrosomale ATPase stellt sich so als ein mehrstufiger Prozeß dar, der schematisch folgendermaßen formuliert werden kann:

$$1.\ E - COOH + ATP \xrightarrow{Na^{+};\ Mg^{++}} E - COO \cdot P + ADP$$

$$2.\ E - COO \cdot P + H_2O \xrightarrow{K^{+}} E - COOH + P_i$$

Andere Autoren (SQUIRES 1965 und ROBINSON 1967) konnten zeigen, daß in den Hirnmikrosomen nebeneinander zwei unabhängige ATPasen vorliegen, eine Mg^{++}-ATPase, die unabhängig von monovalenten Kationen ist und durch Ouabain nicht zu hemmen ist, sowie eine Na^{+}-, K^{+}-stimulierbare Mg^{++}-ATPase, die durch Ouabain hemmbar ist. NAKAMURA wies darüber hinaus eine Mg^{++}-, Ca^{++}-abhängige, spezifische mikrosomale ATPase nach, die unabhängig von den beiden vorher genannten ATPasen vorliegt bzw. mit der Mg^{++}-aktivierbaren, durch Ouabain nicht hemmbaren ATPase identisch ist (NAKAMURA 1968). Bisher kann nicht gesagt werden, ob die mikrosomale Gesamt-ATPase-Aktivität einem Enzymprotein oder mehreren Enzymproteinen zuzurechnen ist. Daraus resultiert, daß es bisher auch keine Kenntnisse über die Struktur dieses Enzymproteins (bzw. dieser Enzymproteine) gibt. Lediglich einige kinetische Daten über die ATP-Spaltung durch Mikrosomen lassen Rückschlüsse auf eventuelle Proteinkonformationsänderungen an den Enzymmolekülen unter der ATP-Spaltung zu. So konnten u. a. WALLACH und ULLREY zeigen, daß Kalium in seiner Funktion durch andere Kationen zu ersetzen ist, wie z. B. durch Ammonium und Rubidium, weniger jedoch durch Cäsium und Lithium, während das Natrium für die ATPase-Aktivität essentiell ist. Ouabain scheint sich an den Bindungsort des Kaliums am Enzym anzulagern und diesen für die Kaliumwirkung zu blockieren. Wie ALLONSO und WALSER nachwiesen (sie adsorbierten Rattenhirnmikrosomen an Filter, durch die sie verschiedene ATP-haltige Perfusate fließen ließen, um danach in den Perfusaten die Freisetzung anorganischen Phosphats zu untersuchen) binden sich Natrium und Kalzium ebenfalls an einen Enzymort und können sich gegenseitig aus dieser Bindung am ATPase-Molekül verdrängen. Dabei wurde Natrium oder Kalzium, unabhängig davon, ob ATP im Perfusionsmedium ist, an das Enzym gebunden. ROBINSON fand 1967 an der Na^+-, K^+-ATPase aus Hirnmikrosomen einen kooperativen, homotropen Effekt von Natrium und Kalium in unterschiedlichen Konzentrationen. Unter diesen Bedingungen ändert sich auch der K_m-Wert für ATP sowie dessen Spaltungsrate. Da sich unter einer Bindung von ATP an das Enzymmolekül die halbeffektive, enzymgebundene Natrium- und Kaliumkonzentration ändert, scheint hier ein heterotoper Effekt eine zusätzliche Bedeutung zu haben. Unter Ansteigen der Kationenkonzentration im Reaktionsgemisch stieg die Entropie für die Aktivierung der ATPase ebenfalls an. ROBINSON diskutierte diesen allosterischen Effekt auf die mikrosomale ATPase als wichtig für den Kationentransport durch die endoplasmatischen Membranen, der darüber hinaus möglicherweise mit einer Änderung in der Molekularstruktur der endoplasmatischen Membranen einhergeht. Auch über die Molekularstruktur der mikrosomalen ATPasen fehlen bisher gesicherte Kenntnisse. KEPNER und MACEY fanden kürzlich ein Molekulargewicht in der Größenordnung von 250000 für die Na^+-, K^+-ATPase aus Nierenrindenmikrosomen vom Meerschweinchen, die mit der ATPase menschlicher Erythrozyten ungefähr vergleichbar schien. NAKAO und Mitarbeiter fanden dagegen ein Molekulargewicht von 500000 für die ATPase aus Hirnmikrosomen.

Wie ISRAEL und SALAZAR 1967 zeigen konnten, werden durch zentral dämpfende Substanzen die mikrosomalen ATPasen im Gehirn in ihrer Aktivität gehemmt. RAWSON und PINCUS konnten ebenfalls eine Hemmung der Na^+-, K^+-, Mg^{++}-ATPase aus Meerschweinchenhirnmikrosomen durch Diphenylhydanthoin nachweisen. PAL und GHOSH fanden unter Strychnin die Aktivität der Na^+-, K^+-ATPase in Hirnmikrosomen um das Doppelte gesteigert, während die Mg^{++}-ATPase unbeeinflußt blieb. AKERA und BRODY wiesen eine Hemmung der mikrosomalen Gehirn-ATPase durch Chlorpromazin als freies Radikal nach.

Neben diesen Studien an Hirnmikrosomen liegen eine Reihe von Untersuchungen über mikrosomale ATPase-Aktivitäten der Muskelzelle vor, zu denen schon anfangs prinzipiell Stellung genommen wurde. Generell findet man in den Mikrosomen von Skelett- und von Herzmuskelzellen eine Na^+-, K^+- sowie auch eine Mg^{++}-abhängige ATPase, die eng an den Kalziumtransport in die mikrosomalen Vesikel der Muskelzelle gekoppelt sind. Wie vor allem MARTONOSI zeigen konnte, ist die Aktivität der mikrosomalen Skelettmuskel-ATPase eng an die Anwesenheit von Phospholipiden gekoppelt, d. h. sie ist an die mikrosomale Membran gebunden. Eine ähnliche Abhängigkeit fanden PORTELER, PÉREZ und URGOITI für die Lezithinabhängigkeit der Mg^{++}-abhängigen ATPase von Froschmuskelmikrosomen. BROWN sowie GIBSON und HARRIS untersuchten eine Na^+-abhängige ouabainhemmbare mikrosomale ATPase aus Herzmikrosomen, die gegenüber anderen muskulären mikrosomalen ATPasen keine Besonderheiten zeigte. AHMED und WILLIAMS-ASHMAN fanden eine Mg^{++}-, Na^+-, K^+-ATPase in Mikrosomen der Rattenprostata, die sich wenig in ihren Eigenschaften von den mikrosomalen ATPasen anderer Organe unterschied, jedoch in ihrer Aktivität wesentlich durch

Testosteron zu beeinflussen war. Mikrosomen aus der Prostate von orchidektomierten Ratten zeigten eine stark herabgesetzte Aktivität gegenüber gleichen Präparationen unvorbehandelter Ratten.

3.2.3.3. Die mikrosomale Glukose-6-Phosphatease (D-Glukose-6-Phosphat-Phosphohydrolase)

Die Glukose-6-Phosphatase ist das Referenzenzym der Mikrosomenfraktion. Nach den Kriterien von ERNSTER, SIEKEVITZ und PALADE ist sie ein membrangebundenes Enzym. Diese Autoren teilten 1962 mikrosomale Enzyme in 2 Gruppen ein: Die erste Gruppe umfaßt solche Enzyme, die durch eine Zerstörung der Mikrosomenfraktion keine wesentliche Aktivitätseinbuße erleiden, die also entweder im Lumen der mikrosomalen Vesikel eingeschlossen sind (d. h. hier frei gelöst sind) oder locker an die Membran gebunden sind. Die zweite Gruppe umfaßt Enzyme, deren Aktivität bei Zerstörung der mikrosomalen Membranstrukturen erheblich beeinträchtigt wird. Es kann zu einer Aktivitätsabnahme, in manchen Fällen jedoch auch zu einer Aktivitätszunahme kommen. Die Glukose-6-Phosphatase katalysiert die Hydrolyse des Glukose-6-Phosphat zu Glukose und anorganischem Phosphat. Nachdem es gelungen war nachzuweisen, daß die Glukose-6-Phosphatase an die Mikrosomenfraktion gebunden ist, gelang es auch histochemisch Glukose-6-Phosphatase-Aktivität direkt an den Elementen des endoplasmatischen Retikulums sichtbar zu machen (ERICSON und ORRENIUS 1966). Wie vor allem die Arbeiten aus den Gruppen von STETTEN und NORDLIE zeigten, ist die Glukose-6-Phosphatase-Aktivität sehr eng mit einer sauren, anorganischen Pyrophosphatase-Aktivität und einer Glukose-Phosphotransferase-Aktivität gekoppelt. NORDLIE (1968) zeigte, daß es sich hier um einen Multienzymkomplex handelt, dessen Aktivitäten nicht voneinander getrennt werden können (NORDLIE, HANSON, JONES und LYGRE 1968). Dieser Multienzymkomplex ist generell nur in der Mikrosomenfraktion solcher Organe zu finden, die an einen aktiven Transport von Zuckern zwischen intra- und extrazellulärem Raum des Organismus beteiligt sind, wie z. B. Leber, Niere und Dünndarm.

Wie STETTEN und seine Mitarbeiter dann nachwiesen, nimmt die Aktivität der Glukose-6-Phosphatase sowie der begleitenden Enzyme unter der Einwirkung von Netzmitteln, wie Desoxycholat oder Triton X 100, signifikant zu. Gleichzeitig zeigt sich eine Verschiebung des pH-Optimums dieser Enzymaktivitäten von 5,5 nach 6,0. Lediglich die Glukose-6-Phosphatase zeigt unter niedrigen Dosen von Triton X 100 oder Desoxycholat zunächst eine Hemmung, später dann erst eine Aktivierung bei höheren Netzmitteldosen. Dieser Netzmitteleffekt wurde von STETTEN 1967 als Ausdruck dafür gewertet, daß die Glukose-6-Phosphatase, wie auch die anderen gebundenen Enzymaktivitäten, nach einer Netzmitteleinwirkung für ihre Substrate besser zugänglich sind. Auch wäre es möglich, daß die Mikrosomenfraktion unter der Präparation artifiziellen Veränderungen unterliegt, so daß im Resultat die Enzymaktivitäten vermindert sind. Unter der Einwirkung der genannten Stoffe oder durch andere Einflüsse, wie z. B. Temperaturänderungen oder pH-Änderungen, erfolgt dann möglicherweise eine Rückbildung in solche Strukturen, die denen in vivo mehr ähneln und daher auch eine Reaktivierung membrangebundener Enzyme bedingen. Eine Aktivitätssteigerung der genannten Enzyme fand STETTEN auch, wenn er die Mikrosomenfraktion unter alkalischen Bedingungen vorbehandelte (Zusatz von NH_4OH bis zu einem pH von 9,5–9,8). NORDLIE und Mitarbeiter berichteten in den letzten Jahren in einer Reihe von Mitteilungen über eine Beeinflussung des Multienzymkomplexes durch Vorbehandlung der Versuchstiere in vivo. Adrenalektomierte Ratten zeigten eine deutliche Zunahme der Glukose-6-Phosphatase-Aktivität in Lebermikrosomen, wenn die Tiere mit Cortison vorbehandelt wurden. Ebenso nahmen die Begleitenzymaktivitäten zu. Werden diese Mikrosomen mit Triton X 100 oder Desoxycholat behandelt, kommt es sowohl nach Cortisonvorbehandlung als auch bei Kontrollpräparationen zu einer weiteren gleichmäßigen Steigerung der Enzymaktivitäten. NORDLIE und Mitarbeiter fanden auch, daß es gelingt, die einzelnen Enzymaktivitäten des mikrosomalen Multienzymkomplexes gegeneinander kompetitiv zu hemmen. So kann die Spaltung von Pyrophosphat durch Glukose-6-Phosphat gehemmt werden und umgekehrt die Hydrolyse des Glukose-6-Phosphats durch einen erhöhten Pyrophosphatspiegel zurückgedrängt werden. Interessanterweise hemmen auch eine ganze Reihe von Nukleotidphosphaten die Glukose-6-Phosphatase-Aktivität reversibel. Die Autoren diskutieren diese Wirkung

Tabelle 11

Hemmung der Glukose-6-Phosphatase-Aktivität bei pH 7,5
(Nach NORDLIE et. al. 1968)

Nukleotide und Konzentration		Enzymhemmung in %	K_i in mM
ATP,	10 mM	35,0	–
ADP,	9,3 mM	30,0	14,0
AMP,	6,9 mM	9,0	46
3′,5′-zyklisches AMP,	6,9 mM	5,6	76
CTP,	9,0 mM	15,0	35
CDP,	9,6 mM	70,0	2,8
CMP,	9,1 mM	28,0	16,0
Cytidin,	9,2 mM	1,6	–
ITP,	8,7 mM	28,0	15,0
IDP,	10,0 mM	9,6	63,0
UTP,	9,4 mM	5,7	98,0
UDP,	10,0 mM	6,7	91,0
UMP,	8,8 mM	0	–
GTP,	10,0 mM	5,7	103,0
GDP,	9,2 mM	31,0	14,0
GMP,	9,9 mM	16,0	34,0
PP_i,	9,0 mM	34,0	12,0
P_i,	10,0 mM	34,0	13,0

der Nukleotidphosphate über eine mögliche Anlagerung an den Enzymkomplex, wodurch eine Änderung der Molekularstruktur mit einer entsprechenden Änderung der Enzymaktivität einhergeht. Das ist in der Tabelle 11 dargestellt.

Maddaiah, Chen u. a. fanden, daß die Glukose-6-Phosphatase aus Rattenleber total gehemmt wird, wenn die entsprechenden Mikrosomen unter Pyridoxal-5-Phosphat vorinkubiert werden. Zusatz von Glukose-6-Phosphat schützt das Enzym vor der Inaktivierung.

Leskes, Siekevitz und Palade (1971) verfolgten das Auftreten von Glukose-6-Phosphatase-Aktivität in Hepatozyten von fetalen und neugeborenen Ratten. 4 Tage vor der Geburt zeigt die Gesamtleber nur einen sehr niedrigen Aktivitätsspiegel im Vergleich zur adulten Leber. Cytochemische Untersuchungen zeigten, daß neben negativ reagierenden Hepatozyten Aktivität in einigen Hepatozyten nachzuweisen ist. Um den Geburtstermin zeigt das Innere aller ribosomenbesetzter endoplasmatischer Membranen Aktivität. 24 Stunden nach der Geburt ist eine Fermentaktivität auch im Inneren der glatten Membranen nachzuweisen. Diese cytochemischen Befunde konnten auch an isolierten Subfraktionen endoplasmatischer rough-Membranen bestätigt werden. Das beweist, daß alle endoplasmatischen Membranen gleichermaßen nicht in unterschiedlichem Ausmaß mit Glucose-6-Phosphatase besetzt sind.

3.2.3.4. Weitere mikrosomale Hydrolasen

Neben der Glukose-6-Phosphatase sind an die Mikrosomen eine Reihe anderer Hydrolasen gebunden, von denen jedoch meist nicht sicher zu sagen ist, inwieweit sie als echte, strukturgebundene Mikrosomenenzyme anzusprechen sind.

Die *β-Glukoronidase*: de Duve fand 1955, daß ungefähr 20% der totalen Aktivität der zellständigen β-Glukoronidase in Leberzellen an die Lysosomenfraktion gebunden ist, während ca. 40% in den Mikrosomen nachzuweisen war. In Übereinstimmung mit diesen Befunden von de Duve und auch von van Lancker konnten Fishman, Golzmann und Lellis sowohl lichtmikroskopisch als auch elektronenmikroskopisch den histochemischen Nachweis einer β-Glukoronidase erbringen, die an dem endoplasmatischen Retikulum von Mäuseleberzellen lokalisiert ist. Ganshow und Paigen fanden, daß die mikrosomale β-Glukoronidase in den Leberzellen eines bestimmten gengeschädigten Mäusestammes fehlte, während der lysosomale Anteil dieses Enzyms unverändert nachweisbar war. Wie die Autoren sahen, war der Verlust des mikrosomalen Enzyms mit der Mutation eines Strukturgens gekoppelt, das spezifisch für die Synthese und Lokalisation der β-Glukoronidase verantwortlich zu sein scheint. Andere mikrosomale Enzyme fanden sich unter dieser Mutation unverändert. Nilius und Rath fanden, daß die β-Glukoronidase der Rattenleber bei chronischer Tetrachlorkohlenstoffvergiftung in ihrer Aktivität stark absinkt. Fishman und Mitarbeiter diskutieren die mikrosomale β-Glukoronidase als ein echtes, strukturgebundenes mikrosomales Enzym, dem möglicherweise neben den hydrolytischen auch andere Funktionen in vivo zukommen.

Inzwischen konnte in zahlreichen Arbeiten gezeigt werden, daß die Glucoronidase ebenso, wie Enzyme des mikrosomalen Pharmakonabbaus (Cytochrom P_{450} u. a.) durch lipophile Fremdsubstanzen zu induzieren ist. Das wird z. T. sogar klinisch ausgenutzt, indem man Glucoronidasemangelsyndrome in der Pädiatrie mit Induktoren (z. B. Phenobarbital) zu behandeln versucht (Literatur bei GILETTE u. a.).

Unspezifische Karboxylesterasen: KRISCH isolierte 1963 aus Schweinelebermikrosomen eine unspezifische Karboxylesterase. Ein Enzym mit ähnlichen Eigenschaften konnten BENÖHR und KRISCH 1967 aus Rinderlebermikrosomen isolieren. Das Enzym wurde in Lösung gebracht und in dieser Form auf das 70fache angereichert. Neben einer breiten unspezifischen Esteraseaktivität katalysiert dieses Ferment die Übertragung von Aminosäureestern unter Bildung von Dipeptiden. Diese spezifische Aktivität unterscheidet die Karboxylesterase aus Rinderlebermikrosomen von der aus Schweinelebermikrosomen. Das Enzym konnte in einer monomeren und in einer dimeren Form nachgewiesen werden, wobei das Dimere ein Molekulargewicht von ungefähr 170000 hatte und das Monomere entsprechend die Hälfte. Das Aktivitätsoptimum dieser Karboxylesterase lag für Säureamide zwischen 8,2 bis 9,0. Organische Phosphorsäureester (E 600, DFP) hemmen das Enzym hochempfindlich in Konzentrationen zwischen 10^{-5}—10^{-6} M. HEINRICH und KLINGER konnten nachweisen, daß 5 Tage alte Ratten im Vergleich zu erwachsenen Tieren nur ungefähr 5% dieser Karboxylesterase-Aktivität in der Leber haben. Mit zunehmender Reifung der Tiere bis zum 60. Lebenstag fanden die Autoren ein Ansteigen der Esteraseaktivität auf die normalen Werte. Unter den Bedingungen einer Enzyminduktion (Phenobarbitalvorbehandlung) kam es nicht zum Anstieg dieses mikrosomalen Enzyms, wie man es bei den Enzymen der mikrosomalen Elektronentransportkette nachweisen kann. Die Autoren konnten in Übereinstimmung mit früheren Untersuchern zeigen, daß die unspezifische mikrosomale Karboxylesterase ausschließlich in den Mikrosomen der Leberzelle lokalisiert ist und in anderen Zellfraktionen nicht nachgewiesen werden kann. Die Frage, ob die mikrosomale Karboxylesterase ein echtes, strukturgebundenes Mikrosomenenzym nach der Definition von ERNSTER, SIEKEVITZ und PALADE ist, kann bisher nicht mit Sicherheit beantwortet werden.

FISCHBEIN und PRESSMANN konnten 1966 aus Rattenlebermikrosomen eine γ-Lactonase isolieren, die sich von der unspezifischen Karboxylesterase unterscheidet. Das Enzym hydrolisiert 4—8 Kohlenstoff-γ-Lactone und kann durch Desoxycholatbehandlung aus der Mikrosomenfraktion gelöst werden. Auch in gelöster Form zeigt das Enzym eine hohe Aktivität. Durch 1,0 mM Äthylendiamintetraacetat und durch 0,1 mM Parachlormercuribenzoat ist das Enzym zu hemmen, nicht jedoch durch Diisopropylfluorophosphat, wie z. B. die unspezifischen Karboxylesterasen. Das pH-Optimum liegt bei 8,6 für die hydrolytische Reaktion. Neben der hydrolytischen Reaktion kann das Enzym auch eine Lactonisierung aus den entsprechenden γ-Hydroxysäuren katalysieren; hier liegt das pH-Optimum der Aktivität bei 6,0. Ebenso wie für die unspezifische Karboxylesterase bleibt bei der γ-Lactonase offen, ob es sich hier um ein echtes, strukturgebundenes mikrosomales Enzym handelt.

In einer Reihe von Versuchen, die sich mit der Kontrolle der NAD-Biosynthese in Tieren beschäftigten, fanden Blake und Mitarbeiter, daß die gesamte NAD-Glycohydrolase-Aktivität eines Leberhomogenates in der mikrosomalen Fraktion zu finden ist. Sie konnten wahrscheinlich machen, daß es sich hier um ein mikrosomales, strukturgebundenes Enzym handelt. Im Hungerzustand nimmt die spezifische Aktivität dieses Enzyms in Lebermikrosomen zu. Wird Nicotinamid oder 5-Fluornicotinamid, beides bekannte Hemmstoffe der NAD-Glycohydrolase injiziert, so nimmt 6 Std. nach der Injektion die Aktivität dieses mikrosomalen Enzyms spezifisch ab. Eine Zunahme der spezifischen Aktivität der NAD-Glycohydrolase konnte auch nach einer tuberkulösen Infektion und in verschiedenen Neoplasien beobachtet werden.
Roy (1957) und Burstein (1963) fanden in Säugerzellen eine *Steroidsulfatase* (Sterol-Sulfatsulfohydrolase), die eine ungewöhnliche Gewebeverteilung zeigt. Das Enzym ist in Rattenleber hochkonzentriert. Eine niedrige Aktivität findet sich jedoch in Mäuseleber und speziell in Meerschweinchenleber. In den Mikrosomen von Meerschweinchenhoden ist wiederum eine recht hohe Aktivität nachweisbar, während sie niedrig in der gleichen Zellfraktion von Rattenhoden zu finden ist. 1967 versuchte Burstein das Enzym aus Lebermikrosomen von Ratten als lösliches Ferment zu präparieren. Dabei konnten über 90% der Phospholipide der Mikrosomenfraktion extrahiert werden, ohne daß die Steroidsulfatase ihre Aktivität verlor. Das angereicherte Enzym erwies sich jedoch immer noch als ein Makromolekül-Komplex mit einem Molekulargewicht über 600000, der darüber hinaus in Lösung eine ausgeprägte Tendenz zur Bildung unlöslicher Aggregate zeigte. Der Autor schließt jedoch in der Diskussion die Möglichkeit nicht aus, daß einzelne spezifische Phospholipide an den Makromolekül-Komplexen gebunden bleiben und es sich somit auch bei dem angereicherten Enzym um ein strukturgebundenes Enzym im weiteren Sinne handelt.

3.2.3.5. Mikrosomale Enzyme der Glykoproteinsynthese

Die Synthese von Glykoproteinen erfolgt am endoplasmatischen Retikulum. So konnte bereits Hallinan 1965 nachweisen, daß 7 Min. nach einer i.p. Injektion von C^{14}-markiertem Glukosamin die Markierung hauptsächlich in den endoplasmatischen Membranen der Leberparenchymzellen wiederzufinden war. Helgeland konnte diesen Befund bestätigen. Sarcione und Carmodi fanden, daß ^{14}C-markierte Galaktose in einer DOC-löslichen Fraktion der Lebermikrosomen angereichert wurde. Der Einbau dieser ^{14}C-markierten Galaktose war dabei von einer intakten DOC-löslichen Membranfraktion in den Mikrosomen abhängig. Wurden die Membranen zerstört, so erfolgte kein Einbau mehr. Auch Molnar (1967) fand ^{14}C-markiertes Glukosamin und ^{14}C-markierte Sialinsäure, die mit Ascites-Tumor-Zellen inkubiert wurden, in der Mikrosomenfraktion dieser Zellen angereichert. Cook und Eylar konnten in verschiedenen Untersuchungen nachweisen, daß die mikrosomale Glykoproteinsynthese schrittweise in der Art abläuft, daß zunächst die volle Polypeptidkette an den membranständigen Polysomen synthetisiert wird und dann durch membranständige Transferasen die Übertragung des aktivierten Zuckerrestes auf die Polypeptidketten erfolgt (Cook 1968). Hagopian und Mitarbeiter (1968) fanden in Mikrosomen aus HeLa-Zellen eine Multienzymgruppe von Glykosyltransferasen, die sie auch im einzelnen definierten. Es handelte sich um eine Polypeptidyl-N-Acetylgalaktosamintransferase, die die Bildung einer Protein-Kohlenhydratbindung katalysiert und um eine Glykoproteingalaktosyltransferase, die die Anlagerung von Galaktose an N-Acetylglukosaminreste im wachsenden Glykoprotein katalysiert. Beide Enzyme fanden sich in den glatten endoplasmatischen Membranen. Die N-Acetylgalaktosamintransferase konnte auf das 40- bis 50fache angereichert werden. Mit Triton X 100 konnten beide membranständigen Enzyme in Lösung gebracht werden. Die Enzyme zeigten in Lösung eine maximale Aktivität, so daß die Autoren aus diesem Befund schlossen, daß sie an der Innenseite der mikrosomalen Vesikel lokalisiert sind. In Übereinstimmung mit diesen Befunden wiesen Horwitz und Dorfmann nach, daß die Mikrosomen aus embryonalen Knorpelzellen enzymatische Aktivitäten besitzen, die eine Chondroitinsulfatbiosynthese garantieren. Die Befunde zeigen, daß Glykosyltransferasen in verschiedenen Zellarten als mikrosomale Enzyme gefunden werden können. Jedoch stehen nähere Untersuchungen über die molekulare Charakteristik dieser Enzyme noch aus.

3.2.3.6. Mikrosomale Enzyme der Lipidsynthese

Die Enzyme des Lipidstoffwechsels der Zelle sind im Hyaloplasma, in den Mitochondrien und in den Mikrosomen lokalisiert. An die Mikrosomen ist eine Reihe von Enzymen gebunden, die spezifische Schritte der Lipidsynthese und des Phospholipidabbaus katalysieren. Die Synthese von Fettsäuren erfolgt in der Zelle über drei Wege: Zum ersten können Fettsäuren (meist Palmitinsäuren) aus niederen molekularen Bausteinen im Hyaloplasma der Zelle synthetisiert werden. In den Mitochondrien ist eine Gruppe von Enzymen lokalisiert, die eine Verlängerung von Fettsäureketten über eine Anlagerung von Acetylresten aus Acetyl-CoA katalysiert. In den Mikrosomen findet sich darüber hinaus eine Gruppe von Enzymen, die eine Verlängerung der Fettsäureketten über Anlagerung von Malonsäureresten aus Malonyl-CoA katalysiert. Dabei wird die Bildung des Malonyl-Coenzym A nach Yates und Mitarbeitern (1969) durch eine Acetyl-Coenzym A-Carboxylase katalysiert, die histochemisch an den endoplasmatischen Membranen von Leberparenchymzellen nachzuweisen ist. Diese Reaktion benötigt ATP, Biotin, Mangan und Magnesium als Cofaktoren. Die Existenz dieses Enzyms, das über eine Malonsäureanlagerung zur Fettsäureverlängerung führt, wurde erstmalig von Chaikoff und Mitarbeitern (1961—1963) beschrieben. Andere Autoren, wie z. B. Nugteren (1964), konnten dieses Enzymsystem ebenfalls nachweisen und untersuchten die so katalysierte Biosynthese verschiedener Fettäuren. Guchhait, Gutz und Porter (1966) wiesen dieses enzymatische System auch in den Mikrosomen der Vogelleber nach. In Taubenlebermikrosomen zeigte dieses Enzymsystem ein pH-Optimum bei 7,0 und erwies sich abhängig von einer Reihe von Cofaktoren. Solche Cofaktoren sind ATP, NADPH und NADH sowie Mg^{++}-Ionen. Weder NADPH noch NADH allein können ein Gemisch der beiden reduzierten Pyridinnukleotide ersetzen. Wird ein fettsäuresynthetisierendes Mikrosomensystem durch Ultraschall behandelt, so nimmt die Aktivität deutlich ab, was auf strukturgebundene Enzyme hinweist.

Andere mikrosomale Enzymsysteme wirken am Stoffwechsel der Phospholipide mit. So konnten u. a. SCHERPHOF, WAITE und VAN DEENEN eine spezifische, an Lebermikrosomen lokalisierte Phospholipase- und Lysophospholipaseaktivität nachweisen. Dabei scheint die Phospholipase bevorzugt Phosphatidyläthanol in der 1-Stellung zu hydrolysieren, während der weitere Abbau durch eine mikrosomale Lysophospholipase zum entsprechenden Glycerophosphoäthanol führt. Auch diese enzymatischen Aktivitäten nahmen nach Ultrabeschallung der isolierten Mikrosomenfraktion deutlich an Aktivität ab. LANDS und Mitarbeiter (1960—1963) fanden in Rattenlebermikrosomen eine Acyl-CoA: Lysolecithin-Acyltransferase. Dieses Enzym vermag spezifisch Acyl-CoA-Ester auf Lysolecithin zu übertragen. Dieses Enzymsystem wurde durch andere Untersucher ebenfalls gefunden, wobei verschiedene gesättigte und ungesättigte Acyl-Coenzym-A-Ester und unterschiedliche Lysophospholipide getestet wurden (VAN DEN BOSCH, VAN GOLDE, EIBL und VAN DEENEN 1967).

3.3. Mikrosomale Glykoproteide

Glykoproteide, die in vielen Zellen und Geweben vorkommen, sind Proteine, die Kohlenhydrate enthalten, die an Polypeptidketten über kovalente Bindungen fixiert sind. Im allgemeinen unterscheiden sich die Glykoproteide weniger durch die Aminosäurezusammensetzung ihres Proteinanteils als vielmehr durch ihren Kohlenhydratanteil. Dieser Kohlenhydratanteil besteht aus charakteristischen neutralen Zuckern (D-Galaktose, D-Mannose und L-Fruktose), aus Aminozuckern (D-Galaktoamin und D-Glukosamin, die gewöhnlich in der azetylierten Form vorliegen) und Aminozuckersäuren, den Sialinsäuren. Sialinsäure ist der Gruppenname für alle acylierten Neuraminsäuren, wie z. B. der n-Acetylneuraminsäure. Glykoproteide, die konstant in Körperflüssigkeiten vorkommen, lassen sich regelmäßig neben Lipiden und Proteinen als dritte große Makromolekülgruppierung in biologischen Membranen finden, wo sie eine Reihe von Membraneigenschaften garantieren (z. B. die immunologische Charakteristik der Membranen, die elektrische Ladung der Membranen, den K^+-Transport durch biologische Membranen u. a. m.). Trotz dieser Erkenntnis fehlen die Glykoproteide noch weitgehend in den bekannten Membranmodellen. Es liegen bisher eine ganze Reihe von Untersuchungen über Glykoproteide in biologischen Membranen vor, jedoch beschränken sie sich im wesentlichen auf Plasmamembranen und hier im Speziellen auf Erythrozytenmembranen. COOK stellte diese Arbeiten 1968 in einem Übersichtsreferat zusammen. Trotz der Einschränkung, daß es sich meist um Studien an Plasmamembranen handelt, scheinen sich doch einige grundsätzliche Erkenntnisse auch auf die Verhältnisse an anderen biologischen Membranen, so auch auf mikrosomale Membranen, anwenden zu lassen. Membranständige Glykoproteide lassen sich durch heiße Phenol-Wasser-Gemische und durch n-Butanol aus ihrem Membranverband isolieren. An so gewonnenen Glykoproteidextrakten, im wesentlichen aus Erythrozytenstroma, wurden erste Strukturstudien über die molekulare Zusammensetzung der membranständigen Glykoproteide durchgeführt. Man fand, daß sie generell glykosidisch an Hydroxylgruppen von Serin und Threonin der Proteinkomponente gebunden sind, oder daß eine glykosidische Esterbindung an Glutaminsäure vorliegt. Erste Ergebnisse über die Primärstruktur der Zuckerkomponente und der Proteinkomponente der membranständigen Glykoproteide liegen bisher nur von Erythrozytenmembranen vor, so daß auf sie hier nicht weiter eingegangen werden kann, da ihre Gültigkeit für mikrosomale Membranen nicht bewiesen ist. Glykoproteide mikrosomaler Membranen wurden bisher nur aus Ascites-Tumorzellen und aus Leberparenchymzellen untersucht. Dabei wird die Situation dadurch kompliziert, daß das ergastoplasmatische Retikulum der Leberparenchymzellen Ort der Biosynthese vieler Glykoproteide ist, die zum großen Teil ins Serum sezerniert werden. Es ist auf diese Weise nicht immer möglich, zwischen Fremd-Glykoproteiden und Eigen-Glykoproteiden der mikrosomalen Membranen zu unterscheiden. Das trifft vor allen Dingen dann zu, wenn man den Einbau von ^{14}C-Glukosamin und ^{14}C-Galaktosamin in mikrosomale Glykoproteide mißt. Über den spezifischen Einbau dieser Glykoproteidbausteine in die mikrosomale Fraktion sowohl bei Ascites-Tumorzellen als auch bei Leberparenchymzellen wurde bereits im vorangehenden Abschnitt berichtet. Dieser vermehrte Einbau ist weitgehend als Beweis dafür zu werten, daß die allgemeine Biosynthese von Glykoproteiden an der Mikrosomenfraktion der Zellen erfolgt. Patterson untersuchte 1962 die intrazelluläre Verteilung von Sialinsäuren in Leberhomogenaten der Ratte. Er fand diesen typischen Baustein membranständiger Glykoproteide über alle Fraktionen eines Leberhomogenats verteilt, mit Ausnahme der Kernfraktion. In den Mikrosomen und im Hyaloplasma fand sich die Sialinsäure, bezogen auf den Proteinanteil dieser Fraktionen, in der höchsten Konzentration. Dabei handelte es sich auch im Hyaloplasma um gebundene Sialinsäure, die erst nach Hydrolyse bestimmt werden konnte. Verglich der Autor reine Membranfragmente von Mikrosomen und Mitochondrien, so fand er ein stets konstantes Verhältnis von Sialinsäure zu Protein in beiden biologischen Membrantypen, wobei sich die Sialinsäure an eine Komponente gebunden erwies, die mit organischen Lösungsmitteln nicht extrahierbar war. In der Tabelle 12 nach Patterson sind diese Daten zusammengestellt.

Molnar, Robinson und Winzler analysierten u. a. 1965 die Mikrosomenfraktion der Rattenleberparenchymzelle und fanden, daß Bausteine von Glykoproteiden, wie Hexosamin und Sialinsäure, vermehrt in glatten, mikrosomalen Membranen nachzuweisen waren. Dabei war allerdings nicht auszuschließen, daß Fremdglykoproteide mit erfaßt wurden, die an ribosomenbesetzten mikrosomalen Membranen synthetisiert wurden und in der glatten Membranfraktion möglicherweise angereichert sind. In der Tabelle 13 sind die Ergebnisse von Molnar et al. dargestellt.

Tabelle 12

Intrazelluläre Verteilung von Sialinsäure in Rattenleber (nach PATTERSON)

Fraktion	Tiere	Protein-N (mg/g Leber)	Sialinsäure (μg/g Leber)	Sialinsäure/ Protein-N
Homogenat	7	28,84 ± 1,24	275,8 ± 13,3	9,70 ± 0,21
Kerne	5	5,74 ± 0,81	0	—
Mitochondrien	7	4,11 ± 0,38	24,38 ± 1,18	5,97 ± 0,93
Mikrosomen	6	4,99 ± 0,45	103,20 ± 8,76	22,70 ± 4,81
Überstand	5	9,88 ± 0,91	99,80 ± 20,1	9,98 ± 3,58

WALLACH und KAMAT fanden 1966, daß sich ebenso, wie von Plasmamembranfragmenten, von Membrananteilen der Mikrosomen aus Ascites-Tumorzellen Neuraminsäuren durch Neuraminidase abspalten lassen (0,016 μ Mol/mg Protein). Dabei ändern sich jedoch die physikalischen Eigenschaften der Membranen nicht, wie das z. B. an Plasmamembranfragmenten zu beobachten war. Hier verschob sich der isoelektrische Punkt der Membranoberfläche von pH 3,6 nach

Tabelle 13

Zusammensetzung isolierter Mikrosomen aus Rattenleberparenchymzellen (nach MOLNAR et al. 1965)

Subfraktion	Protein mg/g Leber	RNS mg/g Leber	RNS/ Protein	Hexosamin	Sialinsäure
glatte Membranen	7,7 ± 1,10	0,56 ± 0,16	0,07	42,3 ± 8,6	11,2 ± 1,56
ribosomenbesetzte Membranen (ohne Ribosomen)	7,0 ± 0,77	0,30 ± 0,17	0,04	31,0 ± 3,3	5,36 ± 1,13
Ribosomen	2,2 ± 0,40	2,32 ± 0,42	1,05	4,2 ± 0,1	1,78 ± 0,30

pH 4,0. Zu einem ähnlichen Ergebnis kam MOLNAR 1967, der den größten Anteil der zellständigen Sialinsäure und des Hexosamins in Ehrlich-Ascites-Carcinom-Zellen in der äußeren Plasmamembran und in den mikrosomalen Membranen, vor allem in den glatten endoplasmatischen Membranen, lokalisiert fand. Es scheint somit aus dem Vergleich der Leberparenchymzelle, einer Zelle, die Glykoproteide in den Extrazellulärraum sezerniert und der Ascites-Tumorzelle, einer Zelle, die kein Glykoproteid in den Extrazellulärraum sezerniert, sicher, daß Glykoproteide zu den festen Bestandteilen mikrosomaler Membranen zu rechnen sind und hier sogar im Vergleich zu anderen biologischen Membrantypen in vermehrtem Maße nachzuweisen sind. Über ihre Funktion ist genauso wenig bekannt, wie über ihre Molekularstruktur im Membranverband.

3.4. Mikrosomale Membranribonukleinsäuren

Die Mikrosomenfraktion enthält wegen ihres hohen Anteils an Ribosomen und Polysomen sowie an Peptidbruchstücken, die teilweise noch lösliche Ribonukleinsäuren aus dem Zytoplasma tragen, alle bekannten Ribonukleinsäuretypen. Hier interessieren jedoch nur solche Ribonukleinsäuren, die an oder in den mikrosomalen Membrananteilen selber gebunden sind. Zerstört man die mikrosomalen Membranen durch die Behandlung mit Netzmitteln, so kann man die freigesetzten Ribosomen und Polysomen abzentrifugieren. Im Überstand bleiben solche Ribonukleinsäuren, die nicht an die Polysomen gebunden waren. Diese Ribonukleinsäuren bezeichnete PETERMANN 1964 als Membran-RNS. Bei der Analyse dieser Membran-RNS kamen viele Autoren zu der Auffassung, daß hier ein Ribonukleinsäuretyp gefunden wurde, der bisher mit den bekannten und genau charakterisierten RNS-Arten (ribosomale RNS, messenger-RNS, transfer-RNS und 5-S-RNS) nicht identisch ist. Diese Membran-RNS ist durch ihre besondere Basenzusammensetzung, durch ihr Verhalten bei der Rohrzuckerdichtegradienten-Zentrifugation und bei der Chromatographie, durch ihre schnelle Umsatzgeschwindigkeit sowie durch ihr Molekulargewicht besonders gekennzeichnet. GARDNER uns HOAGLAND analysierten 1968 die nach PETERMANN durch Desoxycholat-Behandlung freigesetzte Membran-RNS aus Rattenlebermikrosomen und fanden eine einheitliche niedermolekulare RNS. Die gleiche Ribonukleinsäure konnte nicht in parallel präparierten Ribosomen gefunden werden. Sie macht ungefähr 15—20% der totalen mikrosomalen RNS aus und hat folgende chemische und biologische Eigenschaften: 1. Sie hat einen hohen Gehalt an Guanosin und Cytidin, ähnlich wie die transfer-RNS. 2. Sie hat einen niedrigen Gehalt an terminalen Adenosingruppen, methylierten Basen und Pseudouridin. 3. Sie zeigt ein unterschiedliches Verhalten an Hydroxylapatitsäulen und 4. sie hatte keine oder nur eine geringe Aminosäureakzeptoraktivität, wie sie von der transfer-RNS bekannt ist. Bereits CHAUVEAU und Mitarbeiter sowie auch GOSWAMI, BARR und MUNRO hatten gefunden, daß Ribonukleinsäure, die aus isolierten, glatten mikrosomalen Membranfraktionen der Rattenleber durch Desoxycholat-Behandlung freizusetzen war, einen sehr geringen Gehalt an Pseudouridin aufwies, wenn man sie mit transfer-RNS verglich, und ein niedriges Molekulargewicht hat. Zu ähnlichen Ergebnissen kamen SHAPOT und PITOT sowie auch RADIONOWA und SHAPOT, die aus glatten, mikrosomalen Membranen eine RNS isolieren konnten, die niedermolekular war und einen Sedimentationskoeffizienten von 10 S aufwies. Diese Analysen konnten von BRUX und RICHTER bestätigt werden. Dagegen fanden BERGERON-BOUVET und MOULÉ sowie auch PETROVIĆ und Mitarbeiter, daß so isolierte membranständige Ribonukleinsäure aus Mikrosomen stets eine Sedimentationskonstante von 18 bzw. 28 S hatte und damit als ribosomale RNS zu identifizieren war.

WILSON und Mitarbeiter, die die Auffassung von GARDNER und HOAGLAND bezweifelten, daß 15—20% der Gesamt-RNS der Mikrosomen einer bisher nicht näher identifizierten membranständigen RNS angehören sollen, chromatographierten die mikrosomale RNS an Sephadex G 200 Säulen, um die niedermolekulare RNS aus Rattenlebermikrosomen auf diese Weise zu isolieren. Sie fanden mit dieser Präparationsmethodik jedoch lediglich 5 S-RNS und transfer-RNS als einzige niedermolekulare RNS in den Mikrosomen. Sie diskutieren daher die Befunde von GARDNER und HOAGLAND in der Weise, daß es sich bei der beobachteten niedermolekularen Membran-RNS nur um Bruchstücke ribosomaler RNS handeln könne, die bei 37 °C unter Dodecylsulfateinwirkung und durch Nukleasewirkungen entstehen. Dagegen konnten BRUX und RICHTER überzeugend nachweisen, daß die beschriebene Membran-RNS nicht aus den noch an den Membranen anhaftenden Ribosomen bzw. Ribosomenuntereinheiten stammen kann. So scheint die Existenz einer besonderen membranständigen RNS am endoplasmatischen Retikulum heute als wahrscheinlich. Auch andere Autoren konnten die Existenz einer membranständigen RNS in Lebermikrosomen bestätigen (TATA 1967, KING und FRITSCHE 1968, ITO und SATO 1968). BOND, COOPER, COURINGTON und WOODS berichteten 1969 über eine Desoxyribonukleinsäure aus Mäuselebermikrosomen, die sich von Kern- und Mitochondrien-DNS unterscheidet. Diese mikrosomale DNS baut sehr schnell Thymidin ein und scheint so funktionell aktiv zu sein. Die Autoren diskutieren, daß hier eine neue Quelle genetischer Information gefunden wurde, deren Funktion jedoch unbekannt bleibt. KUFF und SCHNEIDER konnten die Befunde von BOND et. al. anhand eigener Studien bestätigen.

BARIL u. a. wiesen auf eine DNS-Polymeraseaktivität hin, die sie an smooth-Membranen aus Rattenleber und Hepatomen nachweisen konnten.

An einem Teil des endoplasmatischen Retikulums sind Ribosomen bzw. Polysomen in vivo in unterschiedlichem Ausmaß spezifisch gebunden. Wie die Analyse membrangebundener Ribosomen bzw. Polysomen zeigte, unterscheiden sich diese in keiner Weise von frei im Zytoplasma liegenden Polysomen.

Funktionelle Unterschiede dieser membrangebundenen Polysomen gegenüber den freien Polysomen werden im folgenden Kapitel behandelt.

Literatur zu 3.1.

BARBER, A. A., C. T. RANKIN u. N. G. ANDERSON: Nat. Cancer Inst. Monograph. **21**, 333, 1966.

BIRAN, L. A., W. BARTLEY: Biochem. J. **79**, 159, 1961.

BELOFF-CHAIN, A., G. SERLUPI-CRESCENZI, R. CATANZARO, D. VEBETTACCI u. M. BALLIANO: Biochim. biophys. Acta **97**, 416, 1965.

CHAFFEE, R. R. J., W. S. PLATNER, J. PATTON u. a.: Proc. Soc. Exp. Biol. Med. **127**, 102, 1968.

DALLNER, G., PH. SIEKEVITZ u. G. E. PALADE: Biochem. Biophys. Res. Comm. **20**, 142, 1965.

DEENEN, VAN, L. L. M.: Biochim. Biophys. Acta, Lib. Nr. **11**, 72, 1968.

GETZ, G. S., u. W. BARTLEY: Biochem. J. **78**, 307, 1961.

GETZ, G. S., W. BARTLEY, E. STIRPI, B. M. NOTION u. A. RENSHAW: Biochim. J. **83**, 181, 1962.

GLAUMANN, H., u. G. DALLNER: J. Lipid Res. **9**, 720, 1968.

GLAUMANN, H., A. VAN DER DECKEN u. G. DALLNER: Life Sci. **7**, 905, 1968.

GOLDE, VAN, L. M. G., u. L. L. M. VAN DEENEN: Biochim. Biophys. Acta **125**, 496, 1966.

GOSHAL, A. K., u. R. O. RECKNAGEL: Life Sci. **4**, 1521, 1965.
GURR, M. I., C. PROTTEY u. J. N. HAWTHORNE: Biochim. biophys. Acta **106**, 357, 1956.
HAUDE, W., u. E. GOETZE: Acta biol. med. germ. **19**, 1, 1967.
HOKIN, L. E., u. M. R. HOKIN: J. biol. Chem. **233**, 822, 1958.
HOKIN, L. E., u. M. R. HOKIN: J. Histochem. Cytochem. **13**, 113, 1965.
HOKIN, L. E., u. D. HUEBNER: J. Cell Biol. **33**, 521, 1967.
HOLTZMANN, J. L., u. J. R. GILLETTE: Biochem. biophys. Res. Comm. **24**, 639, 1966.
LUMPER, L., H. J. PLOCK u. H. STAUDINGER: Hoppe-Seyler's Z. Physiol. Chem. **349**, 1185, 1968.
HOCHSTEIN, P., K. NORDENBRAND u. L. ERNSTER: Biochem. biophys. Res. Comm. **14**, 323, 1964.
MANDEL, P., u. J. L. NUSSBAUM: Proplasma LXIII, 110, 1967.
MILLER, J. E., u. W. E. CORNATZER: Biochim. Biophys. Acta **125**, 534, 1966.
MORIN, J. R.: Cancer Res. **26**, 2186, 1966.
ORRENIUS, S., J. ERICSSON u. L. ERNSTER: J. Cell Biol. **25**, 627, 1965.
PROTTEY, C. u. J. N. HAWTHRONE: Biochem. J. **101**, 191, 1966
RECKNAGEL, R. O., u. A. K. GOSHAL: Lab. Invest. **15**, 132, 1966.
RECKNAGEL, R. O.: Pharmacol. Rev. **19**, 145, 1967.
REDMAN, C. M., u. L. E. HOKIN: J. Biophys. Biochem. Cytol. **6**, 207, 1959.
SIEKEVITZ, P.: Ann. Rev. Physiol. **25**, 15, 1963.
SIGIMURA, T., K. IKEDA, K. HIROTA, M. HOZUMI, u. H. P. MORRIS: Cancer Res. **26**, 1711, 1966.
STADLER, J., u. H. KLEINING: Biochim. Biophys. Acta **233**, 315, 1971.
STOFFEL, W., u. H. G. SCHIEFER: Hoppe-Seyler's Z. Physiol. Chem. **349**, 1017, 1968.
TAKASUGI, Y., u. Y. IMAI: J. Biochem. **60**, 191, 1966.
THEISE, H., u. H. BIELKA: Arch. Geschwulstforschg. **32**, 11, 1968.
WALLACH, D. F. H., J. SODERBURG u. L. BRICKER: Cancer Res. **20**, 397, 1960.

Literatur zu 3.2.; 3.2.1.; 3.2.2.; 3.2.3.1.

ARIAS, J. M., D. DOYLE, u. R. T. SCHIMKE: J. Biol. Chem. 244, 3303, 1969.
BEINERT, H.: in Fed. Proc. **24**, 1164, 1965.
BURSTEIN, SH.: Biochim. Biophys. Res. Comm. **26**, 697, 1967.
CONNEY, A. H., u. J. J. BRUNS: Adv. Pharm. **1**, 31, 1962.
COOPER, D. Y., S. NARASIMHULU, O. ROSENTHAL u. ESTABROOK, R. W.: in Oxidases and Related Redox Systems (ed. King, Mason und Orrenius) N. Y. Wiley 1965, S. 838.
DEGKWITZ, E., V, ULLRICH, u. H. STAUDINGER,: Hoppe-Seyler's Z. Physiol. Chem. **350**, 547, 1969.
GARFINKEL, D.: Arch. Biochem. Biophys. **75**, 493, 1958.
GOT, K., u. J. B. POLYA: Enzymology **27**, 63, 1964.
GOT, K., G. M. POLYA u. J. B. POLYA: Nature 212, Heft 5063, 714, 1966.
GOT, K., G. M. POLYA, J. B. POLYA u. L. M. COCKERILL: Biochim. Biophys. Acta **135**, 225, 1967.
GREEN, D. E., H. D. TISDALE, R. S. CRIDDLE, P. Y. CHEN u. R. M. BOCK: Biochim. Biophys. Res. Comm. **5**, 109, 1961.
GREEN, D. E., N. F. HAARD u. G. LENAZ: Proc. Nat. Acad. Sci. **60**, 277, 1968.
HAYAISHI, O.: "Oxygenases" Academic Press 1962, S. 1.
HASHIMOTO, Y., T. YAMANO u. H. S. MASON: J. Biol. Chem. **237**, PC 3843, 1962.
HOGEBOOM, G. H.: J. Biol. Chem. **177**, 847, 1949.
HORECKER, B. J.: J. Biol. Chem. **183**, 593, 1950.

HOSOYA, T., u. M. MORROSIN: Biochemistry **6**, 1021, 1967.
ICHIKAWA, Y., u. T. YAMANO: Biochem. Biophys. Acta **147**, 518, 1967.
IMAI, Y., u. R. SATO: Biochim. Biophys. Res. Comm. **23**, 5, 1966.
IMAI, Y., u. R. SATO: J. Biochem. **62**, 239, 1967.
JICK, H., u. L. SHUSTER: J. Biol. Chem. **241**, 5366, 1966.
KAMIN, H., B. S. MASTERS, Q. H. GIBSON u. CH. H. WILLIAMS: Fed. Proc. **24**, 1164, 1965.
KLINGENBERG, M.: Arch. Biochem. Biophys. **75**, 376, 1958.
KURIYAMA, Y., T. OMURA, P. SIEKEVITZ, G. PALADE: J. Biol. Chem. **244**, 2017, 1969.
LANGE, G.: Naunyn Schmiedebergers Arch. Pharm. exp. Pathol. **259**, 221, 1968.
LÖWE, H.: 1969 unveröffentlicht.
MACLENNAN, D. H., A. TZAGALOFF u. D. G. MC. CONNEL: Biochim. Biophys. Acta **131**, 59, 1967.
MANGANIELLO, V. C., u. A. H. PHILIPPS: J. Biol. Chem. **240**, 3951, 1965.
MANNERING, G. J., u. A. E. TAKEMORI: J. Pharm. exp. Therap. **127**, 187, 1969.
MASON, H. S.: Adv. Enzymol. **19**, 79, 1957.
MASON, H.S., J. C., NORTH u. M. VANNESTE: Fed. Proc. **24**, 1172, 1965.
MASSEY, V., u. C. WILLIAM: Ref. in: Fed. Proc. **24**, 1164, 1965.
MC LEAN, E. M. A.: Biochem. J. **103**, 13 P, 1967.
NISHIBAYASHI, H., N. NAKAI u. R. SATO: J. Biochemistry **62**, 215, 1967.
NISHIBAYASHI, H., T. OMURA u. R. SATO: Biochim. Biophys. Acta **118**, 651, 1966.
OMURA, T., u. R. SATO: J. Biol. Chem. **239**, 2370; 2379, 1964.
OMURA, T., E. SANDERS, D. Y. COOPER, O. ROSENTHAL u. R. W. ESTABROOK: In: Non-Heme Iron Proteins: Role in Envergy Convertion (ed. by San Pietro) Kettering Symp. März 1965.
OMURA, T., R. SATO, D. Y. COOPER, O. ROSENTHAL u. R. W. ESTABROOK,: In: Fed. Proc. **24**, 1181, 1965.
ORRENIUS, S., G. DALLNER u. L. ERNSTER: Biochim. Biophys. Res. Comm. **14**, 329, 1964.
PHILIPPS, A. H., u. R. G. LANGDON: J. Biol. Chem. **237**, 2652, 1962.
REMMER, H., u. H. J. MERKER: Ann. N. Y. Acad. Sci. **123**, 79, 1965.
REMMER, H., J. SCHENKMANN, R. W. ESTABROOK, H. SESAME, J. GILLETTE, S. NARASIMHULU, D. COOPER u. O. ROSENTHAL: Mol. Pharmacol. **2**, 187, 1966.
REMMER, H., J. SCHENKMANN u. R. W. ESTABROOK: Naunyn Schmiedebergs Arch. Pharm. exp. Pathol. **255**, 62, 1966.
RICHARDSON, S. H., H. O. HULTIN, u. D. E. GREEN: Proc. Nat. Acad. Sci. **821**, 50, 1963.
ROUBAL, W. T., u. A. L. TAPPEL: Biochim. Biophys. Acta **135**, 402, 1967.
RYAN, K. J., u. L. L. ENGEL: J. Biol. Chem. **225**, 103, 1957.
SCHELER, W.: Allgemeine Pharmakologie. VEB Gustav-Fischer-Verlag, Jena 1969.
SHICHI, H., u. Y. KURODA: Arch. Biochem. Biophys. **118**, 682, 1967.
SHICHI, H., T. KAMIRYO, u. S. FUNAHASHI: Biochim. Biophys. Acta **99**, 381, 1965.
SIEKEVITZ, P.: Fed. Proc. **24**, 1153, 1965.
SLADEK, N. E., u. G. MANNERING: Biochem. Biophys. Res. Comm. **24**, 668, 1966.
SPIRO, M. J., u. E. G. BALL: J. Biol. Chem. **236**, 225, 1961.
SPIRO, M. J., u. E. G. BALL: J. Biol. Chem. **236**, 231, 1961.
STRITTMATTER, C. F., u. E. G. BALL: J. Cell. Comp. Physiol. **43**, 57, 1954.
STRITTMATTER, P., u. S. F. VELICK: J. Biol. Chem. **221**, 277, 1956.
STRITTMATTER, P.: Fed. Proc. **24**, 1156, 1965.
STRITTMATTER, P., u. J. OZOLS: J. Biol. Chem. **241**, 4787, 1966.
SUGIMURA, T., K. IKEDA, K. HIROTA, M. HOZUMI, A. HAROLD u. P. MORRIS: Cancer Res. **26**, 1711, 1966.

WARD, K. A., u. J. K. POLLAK: Biochem. J. **114**, 41, 1969.
TAKAHASHI, A., u. R. KATO: J. Biochemistry **65**, 325, 1969.
WILLS, E. D.: Biochem. J. **113**, 315, 1969.
WIRTZ, K. W. A., u. D. B. ZILVERSMIT: Biochim. Biophys. Acta **193**, 105, 1969.
WILLS, E. D.: Biochem. J. **113**, 333, 1969.
YCHIKAWA, Y., u. T. YAMANO: Arch. Biochem. Biophys. **120**, 204, 1967.
MIYAJIMA, N., M. TOMIKAWA, M. KAWASAKI u. I. YAMASHINA: J. Biochemistry **66**, 711, 1969.
ESTABROOK, R. W., u. B. COHEN: In: „Microsomes and Drug Oxidation" edited by R. J. Gillette et. al. Academic Press 1969, S. 95.
ICHIKAWA, Y., M. KURADO u. T. YAMANO: J. Cell. biol. **45**, 640, 1970.
FLEISCHER, S., B. FLEISCHER u. A. AZZI: Biochim. Biophys. Acta **225**, 194, 1971.
SCHNELLBACHER, E., u. L. LUMPER: Hoppe-Seylers Z. Physiol. Chem. **352**, 615, 1971.
TSUGITA, A., M. KOBAYASHI, S. TANI et al.: Proc. Nat. Acad. Sci (N. Y.) **67**, 442, 1970.
OSHINO, N., u. Y. IMAI: J. Biochem. **69**, 155, 1971.
GREIM, H.: Naunyn-Schmiedebergs Arch. Pharm. **266**, 261, 1970.
RIKANS, L. E., u. R. A. VAN DYKE: Biochem. Pharm. **20**, 15, 1971.
STASIW, R. O., H. D. BROWN et al.: J. Cell biol. **47**/2, Part 2, 1970.
MITANI, F., A. P. ALVARES et. al.: Molecular Pharmacology **7**, 280, 1971.
SATO, R., H. NISHIBAYASHI u. A. ITO: In: „Microsomes and Drug Oxidation" edited by J. R. Gillette et. al. Academic Press 1969, Seite 111.

Literatur zu 3.2.3.2.

ABBOD, L. G., u. L. ROMANCHEK: Exp. Cell Res. **8**, 459, 1955.
AHMED, K., u. H. G. WILLIAMS-ASHMAN: Biochem. J. **113**, 829, 1969.
ALBERS, R. W., S. FAHN u. S. J. KOVAL: Proc. Nat. Acad. Sci. **50**, 474, 1963.
ALLONSO, S., u. M. WALSER: J. Gen. Physiol. **52**, 111, 1968.
BROWN, H. D.: Biochim. Biophys. Acta **120**, 162, 1966.
CHIGNELL, C. F., u. E. TITUS: Biochim. Biophys. Acta **159**, 345, 1968.
ERNSTER, L., P. SIEKEVITZ u. G. E. PALADE: J. Cell Biol. **15**, 541, 1962.
ERNSTER, L., u. J. JONES: J. Cell Biol. **15**, 563, 1962.
GIBBS, R., P. M. RODDY u. E. TITUS: J. Biol. Chem. **240**, 2181, 1965.
GIBSON, K., u. P. HARRIS: Biochem. Biophys. Res. Comm. **35**, 75, 1969.
HEMS, D. A., u. R. RODNIGHT: Biochem. J. **101**, 516, 1966.
ISRAEL, Y., u. J. SALAZAR: Arch. Biochem. Biophys. **122**, 310, 1967.
JUDAH, J. D., u. K. AHMED: Biol. Rev. **39**, 160, 1964.
KEPNER, S. R., u. R. J. MACEY: Biochem. Biophys. Res. Comm. **30**, 582, 1968.
MARTONOSI, A.: Biochem. Biophys. Res. Comm. **29**, 753, 1967.
—: J. Biol. Chem. **243**, 61, 1968.
—: J. Biol. Chem. **243**, 71, 1968.
NOGANO, K., T. KANAZAWA et. al.: Biochem. Biophys. Res. Comm. **19**, 759, 1965.
NAKAMURA, Y.: J. Biochem. **63**, 626, 1968.
NAKAO, M., K. NAGANO, T. NAKAO et. al.: Biochem. Biophys. Res. Comm. **29**, 588, 1967.
NOVIKOFF, A. B., L. HECHT, E. PODBER, u. J. RYAN: J. Biol. Chem. **194**, 153, 1952.
PAL, B. K., u. G. J. GOSH: J. Neurochem. **15**, 1243, 1968.
PORTELA, A., C. J. PÉROZ, E. J. URGOITI u. a.: Acta Physiol. Lat. Amer. **17**, 292, 1967.
RAWSON, M. D., u. J. H. PINCUS: Biochem. Pharmacol. **17**, 573, 1968.

ROBINSON, J. D.: Biochemistry **6**, 3250, 1967.
—: J. Neurochem. **14**, 1143, 1967.
SKOU, J. C.: Biochim. Biophys. Acta **23**, 394, 1957.
—: Physiol. Rev. **45**, 596, 1965.
SQUIRES, R. F.: Biochem. Biophys. Res. Comm. **19**, 27, 1965.
SONG, C. S., B. TANDLER u. O. BODANSKI: Biochem. Med. **1**, 100, 1967.
SONG, C. S., J. S. NISSELBAUM u. B. TANDLER: Biochim. Biophys. Acta **150**, 300, 1968.
WALLACH, D. H., u. D. ULLREY: Biochim. Biophys. Acta **88**, 620, 1964.
AKERA, T., u. TH. M. BRODY: Molecular Pharmacol. **5**, 605, 1969.

Literatur zu 3.2.3.3.

ERNSTER, L., P. SIEKEVITZ u. G. E. PALADE: J. Cell Biol. **15**, 541, 1962.
ERICSSON, J. E. L., u. ST. ORRENIUS: J. Histochem. Cytochem. **14**, 761, 1966.
LESKES, A., P. SIEKEVITZ, u. G. E. PALADE: J. Cell biol. **49**, 261; 288, 1971.
MADDAIAH, V. T., S. Y. CHEN, I. REZVANI et. al.: Biochem. Biophys. Res. Comm. **43**, 114, 1971.
NORLIE, R. C., u. R. E. SNOKE: Biochim. Biophys. Acta **148**, 222, 1967.
NORDLIE, R. C., TH. L. HANSON, PH. T. JONES u. D. G. LYGRE: Proc. Nat. Acad. Sc. **60**, 590, 1968.
STETTEN, M. R., u. F. F. BURNETT: Biochim. Biophys. Acta **139**, 138, 1967.

Literatur zu 3.2.3.4.

BENÖHR, H. CH., u. KL. KRISCH: Naunyn Schmiedebergs Arch. exp. Path. u. Pharmacol. **255**, 163, 1966.
—: Hoppe-Seyler's Z. physiol. Chem. **348**, 1102, 1967.
—: Hoppe-Seyler's Z. physiol. Chem. **348**, 1115, 1967.
BLAKE, R. L., S. L. BLAKE u. E. KUN: Biochim. Biophys. Acta **148**, 293, 1967.
BURSTEIN, SH.: Biochim. Biophys. Acta **146**, 529, 1967.
DUVE, DE, C., B. C. PRESSMANN, R. GIANETTO, R. WATTIAUX u. F. APPELMANS: Biochem. J. **60**, 604, 1955.
FISCHBEIN, W. N., u. S. P. PRESSMAN: J. Biol Chem. **241**, 4835; 4842, 1966.
FISHMAN, W. H., S. S. GOLDMAN u. R. DE LELLIS: Nature **213**, 457, 1967.
GANSHOW, R., u. K. PAIGEN: Proc. Nat. Acad. Sci. **58**, 938, 1967.
GILLETTE, J. R. et. al.: "Microsomes and Drug Oxidation" Academic Press 1969.
HEINRICH, I., u. W. KLINGER: Biochem. Pharmacol. **17**, 211, 1968.
—: Acta med. germ. **20**, 55, 1968.
KRISCH, KL.: Biochem. Z. **337**, 531, 546, 1963.
LANCKER, VAN, J. L.: Fed. Proc. **23**, 1050, 1964.
NILIUS, R., u. F. W. RATH: Z. ges. exp. Med. **146**, 366, 1968.
ROY, A. B.: Biochem. J. **66**, 700, 1957.

Literatur zu 3.2.3.5.

COOK, G. M. W., M. TH. LAICO u. E. H. EYLAR: Proc. Nat. Acad. Sci. **54**, 247, 1965.
HAGOPIAN, A., u. E. H. EYLAR: Arch. Biochem. Biophys. **129**, 447, 1969.
HALLINAN, T.: Biochem. J. **96**, 55P, 1965.

Helgeland, L.: Biochim. Biophys. Acta **101**, 106, 1965.
Horwitz, A. L., u. A. Dorfman: J. Cell Biol. **38**, 358, 1968.
Molnar, J.: Biochemistry **6**, 3064, 1967.
Sarcione, E. J., u. P. J. Carmodi: Biochim. Biophys. Res. Comm. **22**, 689, 1966.

Literatur zu 3.2.3.6.

Abraham, S., J. L. Chaikoff, W. M. Bortz, H. P. Klein u. H. Den: Nature **192**, 1287, 1961.
Abraham, E., E. Lorch u. J. L. Chaikoff: Biochem. Biophys. Res. Comm. **7**, 190, 1962.
Bosch, van den, H., L. M. van Golde, H. Eibl u. L. van Deenen: Biochim. Biophys. Acta **144**, 613, 1967.
Guchhait, R. B., G. R. Putz, u. J. M. Porter: Arch. Biochem. Biophys. **117**, 541, 1966.
Lands, W. E. M.: J. Biol. Chem. **235**, 2233, 1960.
—, u. J. Merkl: J. Biol. Chem. **238**, 898, 1963.
Lorch, S., S. Abraham u. J. L. Chaikoff: Biochim. Biophys. Acta **70**, 627, 1963.
Nugteren, D. H.: Biochim. Biophys. Acta **106**, 280, 1965.
Scherphof, G. L., M. Waite u. L. van Deenen: Biochim. Biophys. Acta **125**, 406, 1966.
—, —: Biochim. Biophys. Acta **113**, 417, 1966.
Yates, R. D., J. A. Higgins u. R. J. Barnett: J. Histochem. Cytochem. **17**, 379, 1969.

Literatur zu 3.3.

Cook, G. M. W.: Biol. Rev. **43**, 363, 1968.
Molnar, J.: Biochemistry **6**, 3064, 1967.
—, G. B. Robinson u. R. J. Winzler: J. Biol. Chem. **240**, 1882, 1965.
Patterson, M. K.: Biochim. Biophys. Acta **56**, 626, 1962.
Wallach, H. D. F., u. K. B. Kamat: J. Cell Biol. **30**, 660, 1968.

Literatur zu 3.4.

Baril, E. F., M. D. Jenkins et al.: Science **169**, 87, 1970.
Bergeron-Bouvet, C., u. Y. Moulé: Biochim. Biophys. Acta 145, 193, 1967.
Bond, H. E., J. A. Cooper, D. P. Courington u. J. S. Woods: Science **165**, 705, 1969.
Brux, B., u. G. Richter: Acta biol. med. germ. **20**, 527, 1968.
Chauveau, J., Y. Moule, C. Rouiller u. J. Schneebeli: J. Cell Biol. **12**, 17, 1962.
Gardner, J. A. A., u. M. B. Hoagland: J. Biol. Chem. **243**, 10, 1968.
Goswami, P., G. C. Barr u. H. N. Munro: Biochim. Biophys. Acta **55**, 408, 1962.
Ito, A., u. R. Sato: J. Biochem. **64**, 699, 1968.
King, H. W. S., u. W. Fitschen: Biochim. Biophys. Acta **155**, 32, 1968.
Petermann, M. L.: The physical properties of ribosoma Amer. Elsevier Publ. Comp. Inc. N. Y. 1964, p. 107.
Petrović, S., A. Bećarevic u. J. Petrović: Biochim. Biophys. Acta **95**, 518, 1965.
Petrović, S., J. Petrović u. M. E. Bayer: Biochim. Biophys. Acta **145**, 193, 1967.
Radionova, N. P., u. V. S. Shapot: Biochim. Biophys. Acta **129**, 206, 1966.
Schneider, W. C., u. E. L. Kuff: zt. nach Science **165**, 705, 1969.
Shapot, V., u. H. C. Pitot: Biochim. Biophys. Acta **119**, 37, 1966.
Tata, J. R.: Biochem. J. **105**, 47 P. 1967.
Wilson, S. H., u. R. V. Quincey: persönl. Mitteilung.

4
DIE FUNKTION DES ENDOPLASMATISCHEN RETIKULUMS

Bisher bleibt die Frage offen, ob das endoplasmatische Retikulum als einheitliche Organelle der Zelle aufzufassen ist, oder ob sich unter diesem Begriff eine Reihe von morphologisch ähnlichen Organellen zusammenfügen (Kernmembran, zytoplasmatischer Anteil des EPR, Golgi-Membranen usw.). Wie aus dem ersten Kapitel hervorging, können morphologisch klar differenzierte Anteile des endoplasmatischen Retikulums voneinander abgegrenzt werden, die jedoch häufig in direkt nachweisbarem Kontakt miteinander stehen. Auch in ihrer Funktion bieten die einzelnen Anteile des endoplasmatischen Retikulums vor allem auch der zytoplasmatische Anteil, ein recht wechselseitiges Bild. Generell bildet das endoplasmatische Retikulum innerhalb der Zelle ein geschlossenes, zelluläres Kompartiment, welches durch eine Membranbarriere gegen das Hyaloplasma abgetrennt ist. Fraglich bleibt nur, ob die einzelnen Anteile dieses Kompartiments miteinander kommunizieren oder, was wahrscheinlicher ist, ob die prinzipielle Möglichkeit besteht, daß sich zwischen diesen Anteilen Kommunikationen ausbilden können. Innerhalb der Zelle stellt die endoplasmatische Membranbarriere eine Molekularstruktur dar, an der sich Potentiale zwischen den beiden getrennten Kompartimenten bilden können, d. h. zwischen der löslichen Zellphase, dem Hyaloplasma und der intrazisternal gelegenen Phase. Über die Ausbildung solcher Membranpotentiale besteht grundsätzlich die Möglichkeit, daß innerhalb der Zelle Reizleitungssysteme aufgebaut werden können. Neben diesen biophysikalischen Funktionen des endoplasmatischen Retikulums hat die Bindung von Fermenten an die Membran eine wichtige funktionelle Bedeutung. Wie bereits im vorangegangenen Kapitel gezeigt wurde, gibt es neben streng membrangebundenen Fermenten, deren Aktivität von der Bindung des Fermentmoleküls in die Membranstruktur abhängt, Fermente, die in ihrer Aktivität nach Ablösung von der Membran nicht bzw. nur wenig beeinflußt werden. Einige Fermente zeigen sogar einen Aktivitätsanstieg, wenn sie von der Membran gelöst werden. In diesen Fällen trennt die Membran des endoplasmatischen Retikulums häufig das Ferment von seinem Substrat, indem beide Reaktionspartner in verschiedene Zellräume verteilt werden. Für beide Gruppen von Enzymen spielt die strukturelle Organisation der Enzymmoleküle an der Membran, z. B. für eine vektorielle Wirkung oder das Zusammenspiel bestimmter Enzymkomplexe eine Rolle. Bei den streng strukturgebundenen Enzymen garantiert die Membran die optimale Molekularstruktur der Fermentproteine. Die genannten Eigenschaften des endoplasmatischen Retikulums finden sich generell auch an anderen biologischen Membranen der Zelle, wie z. B. im Bereich der Mitochondrien. Von diesen Eigenschaften ist die membrangebundene Proteinsynthese in der Zelle abzutrennen. Hier handelt es sich um eine spezielle Funktion, die durch die Bindung von Polysomen an die Membran des endoplasmatischen Retikulums der Zelle zustande kommt.

4.1. Die Rolle des endoplasmatischen Retikulums als kompartimentbildendes System der Zelle

4.1.1. Die Kompartimentierung synthetisierten Proteins

Der von den Membranen des endoplasmatischen Retikulums eingeschlossene Raum bildet ein eigenes Kompartiment des Zellzytoplasmas. Dieses Kompartiment ist gegen die unstrukturierte Phase (Cytosol, Hyaloplasma) der Zelle abgetrennt und steht nach der Auffassung einiger Autoren mit dem Extrazellulärraum in direkter Kommunikation, wie bereits ausgeführt wurde. Diese Hypothese scheint jedoch heute nicht mehr generell gültig zu sein. Sie resultierte aus der recht frühzeitigen Beobachtung einiger Elektronenmikroskopiker, die sahen, daß das Zytoplasma von Drüsenzellen, wie z. B. der exkretorischen Zellen des Pankreas, nicht nur maximal mit ribosomenbesetzten endoplasmatischen Membranen angefüllt war, sondern daß das sezernierte Fermentprotein im intrazisternalen Raum des endoplasmatischen Retikulums angereichert wurde. Dieses in Form von Granula angereicherte Fermentprotein ist damit zunächst vom Cytosol durch die Membranbarriere des endoplasmatischen Retikulums abgetrennt und wird über die Golgiregion sezerniert, wie Beobachtungen von Palade 1958 und dann auch von Hirsch 1958 und 1960 am Beispiel der exokrinen Pankreaszellen zeigten, die später sowohl autoradiographisch als auch biochemisch bestätigt werden konnten. Gleiches wie für Drüsenzellen gilt auch für die Parenchymzellen der Leber, in denen das Albumin als wesentliches Exportprotein der Zelle an dem ribosomenbesetzten endoplasmatischen Retikulum synthetisiert wird. Dabei ist die Synthese bereits vektoriell in den intrazisternalen Raum gerichtet (Andrews und Tata 1968), wo das Albumin vor seiner Sekretion in das Blutplasma kompartimentiert wird (Campbell). So ist heute allgemein anerkannt, daß der von den endoplasmatischen Membranen eingeschlossene Raum als Kompartimentierungsraum für Proteine gilt, die in der Zelle als Exportproteine synthetisiert und sezerniert werden. Jedoch sind diese „Exportproteine" nicht die einzige so kompartimentierte Proteinklasse. Wie bereits beschrieben wurde, läßt sich die Aktivität einer ganzen Reihe von strukturgebundenen Enzymen erst dann nachweisen, wenn sie durch eine Netzmittellyse der endoplasmatischen Membranen aus dem intrazisternalen Raum freigesetzt werden und in dieser Form direkt für ihre Substrate zugänglich werden. Dabei läßt sich in den meisten Fällen nicht entscheiden, ob die so freigesetzten Enzyme an die innere Membranseite gebunden oder frei im intrazisternalen Raum gelöst waren. Da diese Enzymmoleküle in situ von ihrem Substrat durch die Membranen des endoplasmatischen Retikulums getrennt sind, wird eine Reaktion beider Partner in vivo erst nach einem Transport des Substrates durch die Membran zum Ort des Enzyms möglich.

4.1.2. Die Kompartimentierung von Kationen in den Vesikeln des endoplasmatischen Retikulums
Die Kalziumspeicherung im sarkoplasmatischen Retikulum der Muskelzelle

Die Vesikel einer isolierten Mikrosomenfraktion schwellen in hypotonen Medien an. Das beweist ihre Semipermeabilität: Wasser kann im Gegensatz zu Ionen die Barriere der endoplasmatischen Membran frei passieren. Darüber hinaus zeigen diese semipermeablen Membranen ebenso wie die Zytoplasmamembran die Eigenschaft, Kationen aktiv gegen ein Konzentrationsgefälle zu transportieren. Der aktive Kationentransport aus dem Zytoplasma in die Vesikel des endoplasmatischen Retikulums hat bei vielen Zellen eine wichtige physiologische Bedeutung. Am besten experimentell erforscht und von wesentlicher Bedeutung scheint heute die aktive Kalziumanreicherung in den Vesikeln des endoplasmatischen Retikulums der Muskelzelle (sarkoplasmatisches Retikulum). Wie die grundlegenden Arbeiten von HASSELBACH, von MARTONOSI und auch von WEBER zeigten, vermögen die Vesikel des sarkoplasmatischen Retikulums in der quergestreiften Muskelzelle Kalziumionen selektiv anzureichern. Dabei kommt es zu Kalziumanreicherungen bis $2 \cdot 10^{-2}$ M aus einem Medium, das nur 10^{-7}—10^{-5} M freie Kalziumionen enthält. Diese aktive Kalziumakkumulation ist energieabhängig und abhängig von freien Magnesiumionen. In der Muskelzelle hat diese aktive Kalziumakkumulation in die Elemente des sarkoplasmatischen Retikulums eine entscheidende Bedeutung: Die Freisetzung von Kalziumionen aus den sarkoplasmatischen Vesikeln in das Zytoplasma löst die Reaktion von Myosin mit Aktin zum Atomyosin aus und führt zur Kontraktion. Die aktive Reakkumulation des Kalziums in die sarkoplasmatischen Vesikel löst die Aktomyosinbindung wieder und führt damit zur Erschlaffung der Muskelzelle. Eine prinzipiell ähnliche Funktion wird auch in der glatten Muskelzelle angenommen. Über die Mitwirkung des ATP bei dem Kalziumtransport gegen einen Konzentrationsgradienten bestehen unterschiedliche Ansichten. Während ein großer Teil der Autoren annimmt, daß der aktive Kalziumtransport durch eine ATP-Spaltung energetisch gespeist wird, werden von anderen Autoren auch allosterische Funktionen des ATP-Moleküls in der Membran diskutiert. So nimmt CARVALHO (1968) an, daß ATP eine Strukturänderung in der Molekularstruktur der sarkoplasmatischen Membran bewirkt, die eine vermehrte Fixierung von Kalziumionen in der Membran auslöst. Insbesondere scheinen hier Phospholipide befähigt zu sein, an ihren anionischen Molekülgruppen Kationen zu binden. Während MOMMAERTS (1967) mit optischen Methoden keine Änderung der Molekularstruktur der sarkoplasmatischen Vesikel unter einer ATP-abhängigen Akkumulation fand, konnte FRANCOIS (1969) nachweisen, daß sarkoplasmatische Vesikel aus Skelettmuskulatur des Kaninchens, die durch eine vorangegangene Inkubation in einem tritiumhaltigen Medium markiert wurden, Wasserstoffionen unter der Kalziumakkumulation wesentlich langsamer austauschen als es ohne Kalzium im Medium zu beobachten ist. Das spricht für eine veränderte Molekularstruktur der sarkoplasmatischen Membranen unter den Bedingungen des Kalziumtransportes. Die Gegenwart von ATP allein, ohne daß Kalziumionen im Medium sind, führt nicht zu dieser festeren Wasserstoffbindung in der Molekularstruktur der sarkoplasmatischen Membranen. Auf der anderen Seite kann freies Kalzium in der Membran gebundenes Kalzium nur dann verdrängen, wenn mindestens 10^{-5} bis 10^{-4} M ATP anwesend ist. LANDGRAF und INESI konnten mit verschiedenen Spinmarkern direkt eine Strukturänderung der Membran des sarkoplasmatischen Retikulums quergestreifter Muskelzellen nachweisen, wenn diese Ca^{++} sequestrieren. Einige Pharmaka beeinflussen den Transport des Kalziums in die sarkoplasmatischen Vesikel bzw. sie setzen das Kalzium aus diesen Vesikeln unabhängig von dem ATP-gespeisten Akkumulationsprozeß, frei. Solche Pharmaka führen zu vermehrter, verstärkter Muskelkontraktion. So kommt es durch Einwirkung von $1-5 \cdot 10^{-3}$ M Chinin zu einer Kalziumfreisetzung in das Zytoplasma und dadurch zu einer Muskelkontraktion. Für diese Wirkung ist die Gegenwart von ATP nicht erforderlich. In gleicher Weise wirkt Tetracain, während Coffein ($6 \cdot 10^{-3}$ M) und Procain ($2-5 \cdot 10^{-3}$ M) diesen Effekt nicht zeigen. Reserpin, Prenylamin, Chlorpromazin und Imipramin hemmen die aktive Kalziumakkumulation in die Vesikel und wirken über diesen Mechanismus ebenfalls potenzierend auf die Muskelkontraktion (BALZER und MAKINOSE 1968). Noradrenalin und Herzglykoside haben keinen Effekt auf die Kalziumakkumulation, wie CHIMOSKEY 1968 zeigen konnte. Er fand auch, daß die Kalziumaufnahme in sarkoplasmatische Vesikel des Herzmuskels ein pH-Optimum bei 7,0 hat. Im Bereich von pH 7,4 ist die Kalziumakkumulation bereits um 25% gehemmt. Im Gegensatz zu Reserpin und zu den Phenothiazinen aktivieren Polyamine (Spermin und Spermidin in Konzentrationen von $0{,}5-2 \cdot 10^{-3}$ M) die Kalziumaufnahme in das sarkoplasmatische Retikulum (DE MEIS 1968). Die Annahme, daß bei einer Myotonie, die man z. B. auch experimentell durch eine diazocholesterinhaltige Diät hervorrufen kann, die Kalziumakkumulation in die sarkoplasmatischen Vesikel gehemmt ist, konnte durch BRIGG widerlegt werden. Die aktive Kalziumspeicherung in Elemente des endoplasmatischen Retikulums ist nicht nur für die Muskelzelle von Bedeutung. Das konnte in Versuchen gezeigt werden, in denen nachzuweisen war, daß auch in anderen Zellen Kalzium insbesondere durch das endoplasmatische Retikulum gespeichert werden kann. So fand CARAFOLI eine ähnliche, wenn auch bei weitem nicht so intensive aktive Kalziumspeicherung in mikrosomalen Fraktionen der Rattenleber, während ROBINSON und LUST eine erhebliche Kalziumakkumulation in Mikrosomenfraktionen aus Hirnpräparationen feststellen konnten. Auch in Nervenzellen, über die ein Impuls geht, ist eine vermehrte Freisetzung von ionisiertem Kalzium in das Zytoplasma zu beobachten, wobei die Restitution durch eine Rückspeicherung des Kalziums in subzelluläre Kompartimente, wie sie die Vesikel des endoplasmatischen Retikulums darstellen, herbeigeführt wird. ROBINSON und LUST diskutieren auch eine homöostatische Rolle des Kalziumspeichermechanismus im Stoffwechsel der Nervenzelle. SELINGER, NAIM und LASSER wiesen an mikrosomalen Präparationen der Glandulae parotis und submaxillaris der Ratte eine ATP-abhängige Kalziumspeicherung nach. Über die aktive Verteilung von monovalenten Kationen an der endoplasmatischen Membran ist wenig bekannt. Es scheint jedoch sicher, daß monovalente Kationen, mit den bivalenten Kationen, wie Magnesium und Kalzium, um die Bindungsstellen an den endoplasmatischen Elementen konkurrieren können.

4.2. Das endoplasmatische Retikulum als Bindungsort für Fermente

Wie bereits im Anfangsteil dieses Kapitels erwähnt wurde, dient das endoplasmatische Retikulum in der Zelle u. a. als Bindungsort für Fermente. Diese besondere Funktion der Membranen des endoplasmatischen Retikulums kann folgende Bedeutung haben:

1. Die Membran ist „allosterischer Effektor" für Fermente. Das betrifft vor allem solche Fermente, die obligatorisch an die Membranen des endoplasmatischen Retikulums gebunden sind und die bei ihrer Ablösung von der Membranstruktur einen totalen oder zumindest einen wesentlichen Aktivitätsverlust erleiden. Diese Enzyme sind nicht in gelöster Form zu präparieren, höchstens als Partikelfragmente, die neben dem Enzymprotein noch essentielle Molekülkomplexe der Membran enthalten. Nach den Vorstellungen über die Wirkung allosterischer Effektoren scheint eine essentielle Struktur des Enzymproteins nur im Kontakt mit den Molekülgruppierungen der Membran gegeben zu sein. Diese Struktur geht bei Ablösung von der Membran verloren, was zu einem Verlust der katalytischen Aktivität des Enzyms führt. Prinzipiell ist es jedoch auch vorstellbar, daß bei Ablösung eines so gebundenen Enzyms vom Membrankomplex eine Aktivitätssteigerung erfolgt. Wenn die Membran hier als allosterischer Effektor dient, so im Sinne einer Aktivitätssteuerung des Enzyms. Diese Möglichkeit ist jedoch von einer Begrenzung der Enzymaktivität über einen eingeschränkten Substratzugang zu trennen, wenn Enzym und Substrat durch die Membran des endoplasmatischen Retikulums in der Zelle verschieden kompartimentiert sind. Wie wir in einer Reihe von Versuchen zeigen konnten, formieren sich endoplasmatische Membranen in der Zelle unter bestimmten Stoffwechselsituationen aus vorliegenden „Membranbausteinen". Hier zeigt sich ein neuer, möglicher Regulationsmechanismus von Funktionsabläufen, die an endoplasmatische Membranen gebunden sind. Durch die Membranbildung können Fermente aktiviert werden, die möglicherweise ebenso wie die Membranbausteine in inaktiver Form in der Zelle vorliegen. So zeigten WARD und POLLAK (1969) kürzlich, daß inaktive, gelöste Glukose-6-Phosphatase in einem isolierten System durch „Strukturproteine" aus Lebermikrosomen unter einer partikulären Aggregation zu aktivieren war. Ebenso könnten aktive, membrangebundene Fermente zeitweise inaktiviert werden, indem

sie entweder von der persistierenden Membran abgelöst werden oder unter „Auflösung“ von Membranen in ihre inaktive Form überführt werden. Für diese Annahme fehlen jedoch bisher experimentelle Belege.

2. Die Membran ist ordnende Struktur für Fermente. Ebenso wie in Mitochondrien sind in den Membranen des endoplasmatischen Retikulums Fermente in Multienzymkomplexen angeordnet, wobei die räumliche Zuordnung der verschiedenen Moleküle zueinander für einen gerichteten Funktionsablauf wesentlich ist. Wie am Beispiel der Elektronentransportketten des endoplasmatischen Retikulums gezeigt werden kann, sind dabei einige Enzyme des Multienzymkomplexes über eine allosterische Effektuierung durch die Membran echt strukturgebunden, während andere auch in gelöster Form ihre Aktivität behalten. Hier steht die ordnende Funktion der endoplasmatischen Membranen im Vordergrund, die für eine Enzymmatrize in den Membranen sorgt, über die eine Funktion gerichtet ablaufen kann. Dieses Prinzip scheint auch für eine Reihe von Enzymen zu gelten, die in der Zelle membrangebunden vorliegen, in ihrer Aktivität jedoch durch die Bindung an die Membran nicht beeinflußt werden und darüber hinaus nicht in bisher bekannte Multienzymkomplexe einbezogen sind. Das gilt z. B. für einen Teil der Karboxylesterasen, für Glycosyltransferasen, Nucleosiddiphosphatasen usw. Es ist bisher nicht sicher zu sagen, ob hier durch die Bindung an die Membran eine bevorzugte Lokalisierung des Fermentes zu seinem Substrat eine Rolle spielt oder ob andere membrangebundene Enzymkomplexe für den generellen Funktionsablauf auch an diesen Enzymen wichtig sind. So ist die funktionelle Zuordnung des Elektronentransportes der NADH-abhängigen Transportkette in den endoplasmatischen Membranen bisher weitgehend unbekannt. HENDLER wies darauf hin, daß hier möglicherweise Energie für biologische Funktionen erschlossen wird, z. B. für die membrangebundene Proteinsynthese am endoplasmatischen Retikulum. Jedoch stehen hier sichere experimentelle Belege noch aus.
In der Tabelle 14 sind die wichtigsten Fermente des endoplasmatischen Retikulums nach ihrer Abhängigkeit von der Membranstruktur dargestellt.

4.3. Die membrangebundene Proteinsynthese

An den ribosomenbesetzten endoplasmatischen Membranen läuft als eine spezifische Funktion des endoplasmatischen Retikulums eine Form der zellulären Proteinsynthese ab. Daneben gibt es die Proteinsynthese an freien, nicht an eine zelluläre Struktur gebundenen Polysomen. Die Relation zwischen beiden Formen der Proteinsynthese ist in den verschiedenen Zellen desselben Organismus unterschiedlich. Während in Drüsenzellen, die in großem Ausmaße Proteine synthetisieren, die meist extrazellulär wirksam werden (z. B. Fermentproteine der Drüsen im Verdauungstrakt), fast ausschließlich die gesamte Proteinsynthese an membrangebundenen Polysomen abläuft, werden die Proteine anderer Zellen (z. B. in einigen Formen von Hepatomzellen, in einigen embryonalen Zellen) zu einem großen Teil an freien Polysomen synthetisiert. (Vergleiche hier auch Kapitel 2.1.2.).

Tabelle 14

Beziehung mikrosomaler Enzyme zur Membranstruktur des endoplasmatischen Retikulums

1. Enzyme, deren Aktivität durch die Membranbindung wesentlich bestimmt ist.

Enzym	Charakteristik
Adenosintriphosphatase Inosintriphosphatase Cytochrom P_{450}	Durch Netzmittellyse der endoplasmatischen Membranen zu inaktivieren
Multienzymkomplex: Glucose-6-Phosphatase anorganische Pyrophosphatase Glucose-Phosphotransferase	Durch Netzmittellyse (DOC, Triton X 100) zu aktivieren!
Fettsäureverlängernde Enzyme (Malonylreste werden aus Malonyl-CoA angelagert) Phospholipasen Lysophospholipasen	Aktivitätshemmung durch Ultraschallzerstörung der Membranen des EPR

2. Enzyme, die in der Zelle an den Membranen des endoplasmatischen Retikulums lokalisiert sind, ohne daß ihre Aktivität bei Ablösung erlischt.

Fermente	Charakteristik
Karboxylesterasen Cytochrom-b_5-Reduktase NADPH-Cytochrom C-Reduktase	Enzyme sind in gelöster Form zu präparieren
Nukleosiddiphosphatasen: ADP-, CDP-, GDP-, IDP-, UDPasen γ-Lactonase Glycosyltransferasen	Enzyme, deren Aktivität durch Netzmittellyse der Membranen nicht gehemmt wird
Steroidsulfatase	mehr als 90% der mikrosomalen Lipide können extrahiert werden, ohne daß eine Aktivitätsabnahme auftritt

Andere Zellen wiederum, wie z. B. Leberparenchymzellen, zeigen beide Formen der Proteinsynthese nebeneinander. Hier scheint besonders wichtig, daß funktionelle Einflüsse, die die Synthese von Proteinen steigern, zu einem Anstieg ribosomenbesetzter endoplasmatischer Membranen im Zytoplasma der Zellen führen. Das kann man nur so deuten, daß hier die Proteinsynthese an membrangebundenen Polysomen zunimmt (vgl. hier auch Kapitel 2.1.1.). Diese Beobachtungen ließen darauf schließen, daß es funktionelle Unterschiede zwischen beiden Formen der zellulären Proteinsynthese geben muß. Die anfängliche Annahme, daß der Syntheseort durch den Wirkort des neugebildeten Proteins bestimmt wird, d. h. daß extrazellulär zur Wirkung kommendes Protein, wie Albumin oder Verdauungsenzyme, an membrangebundenen Polysomen synthetisiert wird, während innerzellulär benötigte Proteine an freien Polysomen gebildet werden, konnte weitgehend entkräftet werden. CAMPBELL 1967 und auch KADENBACH 1967 fanden, daß Cytochrom c, ein Protein der Mitochondrien, am polysomenbesetzten endoplasmatischen Retikulum der Leberparenchymzelle synthetisiert wird. HIGASHI und PETERS (1965) zeigten, daß auch Katalase, ein in Microbodies gebundenes Enzym der Leberparenchymzelle, durch membrangebundene Polysomen synthetisiert wird. Das gleiche gilt vermutlich für andere lösliche Enzyme der Mitochondrien, wie Malat-Dehydrogenase usw. Zusammenfassend kann man feststellen, daß an den membrangebundenen Polysomen der Leberparenchymzelle sowohl Proteine synthetisiert werden, die exportiert werden, als auch solche, die der inneren Funktion der Zelle dienen. Der Syntheseort bestimmt also nicht den Wirkort des neugebildeten Proteins. Diese Resultate führten BRUNI und PORTER zu der Vorstellung, daß generell alle Proteine an membrangebundenen Polysomen synthetisiert werden und daß frei in der Zelle vorliegende Polysomen in der Proteinsynthese inaktiv sind. Diese Hypothese konnte jedoch auch nicht bestätigt werden. Wie eine große Zahl von Untersuchungen bewies, sind auch freie Polysomen zu einer Proteinsynthese in der Zelle und im isolierten System in der Lage. So bleibt nur die Beobachtung, daß Zellen, die besonders intensiv Proteine synthetisieren, oder durch funktionelle Einflüsse zu einer intensiven Proteinsynthese stimuliert werden, vermehrt polysomenbesetzte endoplasmatische Membranen ausbilden, während andere Zellen, deren Proteinsynthese nicht stimuliert ist, daneben auch in wechselndem Ausmaß frei im Zytoplasma liegende Polysomen aufweisen. Der Rückschluß liegt daher nahe, daß eine intensivierte Proteinsynthese an membrangebundenen Polysomen abläuft; ein Gedanke, der erstmals von LÖWE und JUNG 1965 geäußert wurde und dann auch von HENDLER 1967 unabhängig davon verteten wurde. Für die Richtigkeit dieser Annahme sprechen heute viele experimentelle Beobachtungen.

Vergleicht man die Proteinsynthese einer intakten Zelle mit einem Zellhomogenat, so kann man finden, daß 99% der Syntheseaktivität mit dem Zerstören der Zellintegrität verloren geht (bezogen auf den Aminosäureeinbau/mg Gewebe). HENDLER sah in diesem Befund einen Ausdruck dafür, daß die zellulären intakten Strukturen für eine normale Proteinsynthese wichtig sind. Diese zellulären Strukturen werden im wesentlichen durch biologische Membranen aufgebaut. Eine Reihe von Befunden sprechen dafür, daß die Proteinsynthese an membrangebundenen Polysomen gegenüber der Proteinsynthese an freien Polysomen effektiver und bevorzugt abläuft. Bereits in bakteriellen Systemen ist dieses Prinzip nachweisbar. So findet man bei *E. coli* nach einer Pulsmarkierung mit ^{14}C-markierten Aminosäuren, daß die Proteinsynthese im wesentlichen an Membranstrukturen abläuft; sie ist 10mal so aktiv wie an freien Polysomen. Werden die membrangebundenen Polysomen von den Membranen abgelöst, so zeigen sie jedoch gleichen Aminosäureeinbau wie die freien Polysomen. Dieser Befund steht für viele andere an bakteriellen Systemen. Ähnliche Beobachtungen kann man an höheren Organismen und vor allem bei Säugern machen. HENSHAW, BOJARSKI und HIATT fanden nach einer intraperitonealen Injektion von ^{14}C-markiertem Arginin bei Ratten, daß die markierte Aminosäure nach 20 Min. in vivo bevorzugt an die membrangebundenen Polysomen der Rattenleber angelagert wurde. Gleiche Befunde konnten die Autoren erheben, wenn sie einem System aus Rattenlebermikrosomen in vitro markiertes Phenylalanin zusetzten. Hier fand sich die Proteinsynthese an membrangebundenen Polysomen 5mal aktiver, als die an freien Polysomen. Durch Zusatz einer künstlichen Messenger-RNS (Polyuridylsäure) konnte die Proteinsynthese an membrangebundenen Polysomen auf 320% gesteigert werden, während die an freien Polysomen auf 2860% gesteigert werden konnte. Die Autoren sahen hier einen Ausdruck dafür, daß endogene Messenger-RNS an Polysomen durch deren Lokalisation an intrazelluläre Membranen gegen RNase-Einflüsse besonders geschützt ist. Zu dem gleichen Befund kam SCHLESSINGER. HOWELL, LOEB und TOMKINS fanden in der Rattenleber $^{2}/_{3}$ der nachweisbaren Polysomen an endoplasmatische Membranen gebunden. Wurde die Rattenleber 10 s mit ^{14}C-markiertem Valin perfundiert, so fand sich danach die Markierung vor allem an polysomenbesetzten Membranen, wenn man den RNS-Gehalt als Bezugssystem wählte. HULTIN und VAN DER DECKEN fanden 1960, daß eine isolierte Mikrosomenfraktion aus Lebern von Tieren, die mit potentiellen Karzinogenen vorbehandelt wurden, eine sehr geringe Aktivität in der Proteinsynthese zeigte. Elektronenoptisch konnten sie parallel finden, daß die verwendeten Karzinogene zu einer Destruktion des endoplasmatischen Retikulums führten. Wurden den Tieren dagegen Nebennierenrindencorticoide verabreicht, zeigte die isolierte Mikrosomenfraktion der Leber gesteigerte Proteinsynthese. In Parallele dazu stehen Befunde, die eine Zunahme des endoplasmatischen Retikulums in der Leber durch Coticoidbehandlung zeigen. HULTIN und VAN DER DECKEN sahen in den Befunden einen Hinweis auf einen besonderen Regulationsmechanismus in der Leberparenchymzelle, der an die Ausbildung endoplasmatischer Membranen gekoppelt ist. BARBIERI und DI MARCO (1963), die die Proteinsynthese der Rattenleber mit der von Yoshida-Hepatomzellen verglichen, sahen, daß ein besonders intensiver Einbau von Aminosäuren in eine „leichte" Mikrosomenfraktion erfolgte, die einen höheren Gehalt an Phospholipiden und einen geringeren Gehalt an RNS aufwies, wie eine „schwere" Mikrosomenfraktion. Die beiden Fraktionen waren durch ihren Gehalt an endoplasmatischem Retikulum charakterisiert. In der „leichten" Mikrosomenfraktion ließen sich vermehrt Membrananteile nachweisen, die in der „schweren" Mikrosomenfraktion fehlten, in der im wesentlichen freie Polysomen und Ribosomen vorlagen. Auch diese Autoren sahen in den Befunden einen Hinweis dafür, daß Membranen des endoplasmatischen Retikulums einen besonderen Einfluß auf die Proteinsynthese ausüben können. TSUKADA und LIEBERMAN untersuchten 1965 die Proteinsynthese an isolierten Leberpolysomen nach partieller Hepatektomie. Sie sahen, daß die Polysomen der regenerierenden Leber eine besonders große Aktivität im Einbau von Aminosäuren in naszierende Proteine zeigten. Die Polysomenaggregate aus dieser regenerierenden Leber waren durch RNase nicht zu inaktivieren. Erst die zusätzliche Einwirkung von Phospholipase führte zu einer totalen Inaktivierung des Aminosäureeinbaus. Die Autoren schlossen, daß Lipoproteidstrukturen für die Aktivitäten der Polysomen wesentlich sind. Auch ein zusätzlicher polysomenstabilisierender Faktor in Mikrosomensystemen aus regenerierender Leber scheint mit diesen Lipoproteidstrukturen identisch zu sein. Der Schluß lag nahe, daß es sich hier um Elemente des endoplasmatischen Retikulums handelt, die die stabilisierenden und aktivierenden Einflüsse auf die Polysomenfunktion ausüben. Zu gleichen Befunden kamen HALLINAN und MUNRO 1965, die die Proteinsynthese und den Ribonukleinsäureeinbau in Rattenlebermikrosomenfraktionen untersuchten. Sie fanden, daß der Aminosäureeinbau in membrangebundene Polysomen im Vergleich zum Einbau in freie Polysomen höher ist. Zusätzlich zeigte die ribosomale RNS der freien Ribosomen einen erhöhten Turnover im Vergleich zu membrangebundenen Ribosomen, wenn man den Einbau ^{14}C-markierten Adenins oder den ^{32}P-Einbau in die ribosomale RNS verglich. REDMAN, SIEKEVITZ und PALADE (1966) sowie SIEKEVITZ und PALADE (1966) untersuchten die mikrosomale Proteinsynthese in isolierten Systemen aus Pankreasmikrosomen von Tauben und Meerschweinchen. Sie fanden, wie frühere Untersucher auch, daß Amylase bevorzugt an membrangebundenen Polysomen gebildet wird und danach in den Vesikeln des endoplasmatischen Retikulums gespeichert wird, aus denen es erst nach Zerstörung der Membranstruktur freigesetzt wird. Dieser Befund deutete bereits eine besondere Funktion von endoplasmatischen Membranen bei einer gerichteten Proteinsynthese in das Lumen endoplasmatischer Vesikel an. WILLIAMSON zeigte, daß die „schweren" und „leichten" Peptidketten des Immunoglobulins G in der Leber zunächst an membrangebundenen Polysomen synthetisiert werden und sodann unter der Kontrolle der endoplasmatischen Membranen zum fertigen Immunoglobulin zusammengefügt werden. BREWS und CAMPBELL fanden, daß Lactalbumin am endoplasmatischen Retikulum der Brustdrüsenzellen synthetisiert wird und gerichtet in den intermembranösen Raum des endoplasmatischen Retikulums freigesetzt wird, von wo es dann in den Golgikomplex transportiert wird. Hier wird die N-Acetyl-Lactosaminsynthetase aktiviert, worauf die Synthese von Lactose anläuft (BREWS, VANAMAN, HILL 1968). Auch diese Befunde deuten auf eine besondere Funktion endoplasmatischer Membranen für gerichtete Proteinsynthesen hin.

Zusammenfassend kann man festhalten, daß an Polysomen, die an Membranen in der Zelle gebunden sind, Proteine bevorzugt synthetisiert werden, wobei die Syntheseaktivität gegenüber der an freien Polysomen erhöht ist. BLOEMENDAL und Mitarbeiter (1967) vertraten die Ansicht, daß möglicherweise freie Polysomen bevorzugt durch Netzmittel geschädigt werden und daher im isolierten System gegenüber membrangebundenen Polysomen eine geringere Proteinsynthese zeigen. Netzmittel, wie z. B. Desoxycholat, werden präparativ zur Zerstörung der mikrosomalen Membranen eingesetzt, um membranfreie Polysomen zu erhalten. BLOEMENDAL und Mitarbeiter fanden in den Fällen, in denen sie eine Netzmitteleinwirkung während der Präparation vermieden, daß zwischen freien und membrangebundenen Polysomen im Aminosäureeinbau kein signifikanter Unterschied besteht.

Auf Grund der zahlreichen Befunde, die für eine effektivere Proteinsynthese an membrangebundenen Polysomen sprechen, untersuchten eine Reihe von Autoren, ob sich membrangebundene von freien Polysomen prinzipiell unterscheiden. LOEB, HOWELL und TOMKINS, die die Verteilung von Ribosomen in der Rattenleber untersuchten, fanden, daß sowohl freie als auch membrangebundene Ribosomen stets als Polysomenaggregate vorliegen. Bei einer Analyse der Verteilung der Ribosomen auf diese beiden definierten Organisationsformen fanden sie, daß die Zusammensetzung der Ribonukleinsäuren beider Ribosomenfraktionen gleich ist. Auch zeigten beide Formen nach Abzug der mikrosomalen Membranteile keine funktionellen Unterschiede. So konnten die Autoren nachweisen, daß zwischen beiden Ribosomenarten im Aufbau keine prinzipiellen Unterschiede bestehen. Nach einer Phenobarbitalvorbehandlung von Versuchstieren, die bekanntlich zu einer Induktion drogenabbauender Enzyme führt, kommt es als primäre Reaktion zu einem Anstieg membrangebundener Polysomen in der Zelle. KATO, LOEB und GELBOIN, die 1965 die Proteinsyntheseaktivität isolierter Mikrosomenfraktionen von phenobarbitalvorbehandelten Ratten und von scheinbehandelten Ratten untersuchten, fanden eine bedeutend höhere Proteinsyntheseaktivität nach Phenobarbitalvorbehandlung. Isolierte Ribosomen, die von den Membrananteilen der Ribosomenfraktion befreit waren, zeigten dagegen keinen Unterschied mehr in der Proteinsyntheseaktivität, unabhängig davon, ob die Tiere vorher mit Phenobarbital behandelt worden waren oder nicht. Auch dieser Befund bestätigt, daß membrangebundene und freie Ribosomen in ihrer grundsätzlichen Funktion und in ihrer Zusammensetzung keine Unterschiede zeigen. Die veränderte funktionelle Aktivität nach der Bindung der Polysomen an die Membran ist also durch die Membran bedingt. Durch die Bindung von Polysomen an die Membran kommt es zu einer Änderung ihrer physikalischen Eigenschaften. HALLINAN und Mitarbeiter wiesen auf den unterschiedlichen Turnover der ribosomalen RNS von freien und membrangebundenen Polysomen hin. MURTY und HALLINAN kamen auf Grund dieser Befunde 1968 sogar zu dem Schluß, daß der unterschiedliche Turnover freier und membrangebundener Polysomen gegen einen Austausch dieser beiden Fraktionen während des Stoffwechselgeschehens in der Zelle spricht und daher eine unterschiedliche Funktion beider Polysomenfraktionen anzunehmen sei. Viel plausibler scheint jedoch die Annahme, daß die Ribosomenstruktur durch die Anlagerung an die Membran so stabilisiert wird, daß sowohl die Turnoverrate der ribosomalen Ribonukleinsäuren als auch die Angreifbarkeit durch abbauende Enzyme gegenüber den frei im Zytoplasma vorliegenden Ribosomen verändert wird. STAHL und BIELKA berichteten 1966, daß membrangebundene Ribosomen aus der Leber durch Ribonukleasen weniger angreifbar sind als frei im Zytoplasma vorliegende Ribosomen. Die gleichen Verhältnisse hatte SCHLESSINGER 1965 an bakteriellen Systemen finden können. Auch hier schützte die Anlagerung von Ribosomen bzw. Polysomen an die Membran vor dem abbauenden RNase-Einfluß.

Auch die Messenger-RNS membrangebundener Polysomen scheint vor RNase-Einwirkung geschützt zu sein. Das geht bereits aus den Beobachtungen von

HENSHAW, BOJARSKI und HIATT hervor, die den Einbau von ^{14}C-Phenylalanin unter Verwendung von Polyuridylsäure als künstlichen Messenger weitaus mehr in freien Polysomen stimulieren konnten als an membrangebundenen Polysomen. Das gleiche fand CAMPBELL (1964) an isolierten Rattenlebermikrosomen. Aber auch die Stabilisierung der Ribosomen- bzw. Polysomenstruktur durch die Membran kann letzten Endes eine effektivere Proteinsynthese pro Zeiteinheit nicht erklären, wenn man annimmt, daß alle in der Präparation vorhandenen Polysomen zur Proteinsynthese befähigt sind. Dagegen spricht allerdings die Beobachtung von HALLINAN und Mitarbeitern, die fanden, daß freie Ribosomen Aminosäuren unabhängig von der Partikelzahl einbauen. Das wurde so gedeutet, daß die Anwesenheit einiger aktiver, mit Messenger-RNS beladener Polysomen die Syntheserate bestimmt und die Zahl dieser aktiven Polysomen an der Membran größer ist als in einer Fraktion aus frei vorliegenden Polysomen. Wie bereits in Kapitel 2.4.3. dargelegt wurde, sind Ribosomen oder Polysomen mit ihrer großen Untereinheit an die Membran des endoplasmatischen Retikulums gebunden, wobei die Art der Bindung bisher nicht vollständig geklärt werden konnte. Neben Magnesiumbrücken und elektrostatischen Bindungen scheint eine Komplexbildung zwischen ribosomalen Proteinen und Molekülgruppierungen aus endoplasmatischen Membranen bei der Bindung eine Rolle zu spielen (COMOROSAN und LUGOJAN). SÜSS, BLOBEL und PITOT konnten in interessanten Versuchen nachweisen, daß endoplasmatische Membranen spezifische Bindungsorte für Polysomen haben. Dabei zeigten „gestripte" Membranen (ribosomenbesetzte Membranen, von denen die Ribosomen entfernt wurden) eine signifikant höhere Bindungsrate als reine, glatte Membranen des endoplasmatischen Retikulums. Das weist darauf hin, daß die Polysomenbindung durch die Membran gesteuert wird. JAMES und RABIN (1969) gelang es, Polysomen an isolierte, glatte endoplasmatische Membranen zu binden, wenn sie dem System Steroide zusetzten (Corticosteroid, Oestradiol). Diese Beobachtung läßt sich als ein Hinweis darauf deuten, daß solche Steroide auch eine Rolle bei der Bindung von Polysomen an Membranen spielen können und ist besonders deshalb interessant, weil man so u. a. eine steuernde Wirkung von Steroidhormonen auf die Proteinsynthese erklären kann, die empirisch oft beobachtet wurde. Anhand dieser zusätzlichen Befunde kann man festhalten, daß die effektivere Proteinsynthese membrangebundener Polysomen nicht durch besondere Strukturen der Polysomen an der Membran bedingt ist, sondern daß die Ursache hierfür auf seiten der Membran gesucht werden muß. Hier gibt es jedoch bisher keine sicheren Befunde, die die Mitwirkung der Membranen bei der Proteinsynthese erklären könnten. Interessant erscheinen in diesem Zusammenhang die Ergebnisse von HENDLER sowie auch von MOKRASCH, MARSH und MOKRASCH und MANNER. Die genannten Autoren wiesen nach, daß bei der Proteinsynthese an Membranen stets Lipoaminosäuren oder Lipoproteidzwischenstufen zu finden sind. Das deutet nach HENDLER an, daß Aminosäuren zunächst über die Lipidphase der Membran an den Proteinsyntheseort transportiert werden. Inwieweit die Bildung dieser Zwischenformen die Proteinsynthese zu aktivieren vermag, kann bisher jedoch nicht gesagt werden. PALADE und SIEKE-

VIETZ (1966) deuteten die Rolle der endoplasmatischen Membranen bei der membrangebundenen Proteinsynthese in folgenden Punkten:
1. Mitwirken der Membranphospholipide als Carrier von Aminosäuren zum Proteinsyntheseort und 2. Stabilisierung der ribosomalen und Messenger-RNS in den membrangebundenen Polysomenkomplexen. HENDLER äußerte 1965, daß möglicherweise mikrosomale Elektronentransportketten zusätzliche Energie für den Proteinsyntheseprozeß bereitstellen könnten. Hierfür gibt es bisher jedoch keinen direkten Beleg. Einige Befunde jedoch lassen diese Annahme möglich erscheinen. So ist der Elektronenakzeptor für den NADH-abhängigen Elektronentransport über das Cytochrom b_5 in den Mikrosomen nicht bekannt. Eine Deutung der Funktion dieser Elektronentransportketten ist bisher nicht möglich. Möglicherweise entstehen hier in Membranen energiereiche Intermediate, die an die Stelle des ATP treten können, worauf auch bereits SLATER hinwies. Einzelne Befunde an Mitochondrienmembranen lassen einen ähnlichen Prozeß vermuten. So fand BRONK an Rattenhirnmitochondrien eine Blockade des Einbaues von ^{14}C-Leuzin, wenn dem synthetisierenden System ADP und AMP zugegeben wurde. Wurde dagegen die oxydative Phosphorylierung gehemmt, kam es in paradoxer Weise zu einem vermehrten Leucineinbau. Auch CAMPBELL, MAHLER u. a. fanden in Rattenhirnmitochondrien eine Hemmung der Proteinsynthese durch ADP und deuteten diesen Befund, ebenso wie BRONK, als mögliche kompetive Hemmung eines energiereichen Intermediates in den Membranen, welches die Proteinsynthese zu speisen vermag. Für mikrosomale Systeme ist diese Annahme allerdings bisher reine Hypothese, da ähnliche Befunde hier nicht nachgewiesen sind. Wir konnten zeigen, daß Hemmstoffe der oxydativen Phosphorylierung (Dinitrophenol, Malonat) in isolierten Leberschnitten der Ratte zu einem schnellen Entstehen ribosomenbesetzter Membranen im Zytoplasma der Leberparenchymzellen führten. In neueren Untersuchungen fanden wir einen direkten Einfluß von ATP und AMP auf die Strukturierung endoplasmatischer Membranen in isolierten Mikrosomensystemen der Rattenleber. Während ATP eine Strukturierung endoplasmatischer Membranen zurückzuhalten vermag, führt AMP bevorzugt zu deren Bildung. Auch konnten wir zeigen, daß membrangebundene Enzymfunktionen, wie z. B. pharmakonabbauende Reaktionen, in ihrer Quantität durch ATP gehemmt, durch AMP dagegen gefördert werden. Dieser Befund ist als eine Beeinflussung der Strukturierung von endoplasmatischen Membranen durch Adeninnukleotide zu deuten. Die Annahme liegt nahe, daß durch eine Membranstrukturierung die Aktivität der Enzyme des mikrosomalen Elektronentransportes erhöht bzw. überhaupt erst möglich wird. In einer Zahl von Veröffentlichungen der letzten Jahre begründete PITOT sein Konzept eines „Membron". Er versteht unter dieser Bezeichnung einen Komplex aus stabilisierten m-RNS und endoplasmatischer Membran. Sowohl in bakteriellen, als auch in tierischen Systemen kann man die Synthese einiger Funktionsproteine, wie z. B. der Tryptophanpyrrolase in der Leber auch mit Actinomycin D nicht verhindern. Das spricht für eine stabile m-RNS, die *Pitot* im „Membron" zu sehen glaubt. Unter Anlagerung von Ribosomen und t-RNS kann das „Membron" zu jeder Zeit aktiviert werden und

eine Proteinsynthese garantieren, ohne daß vorher eine aktive DNS-Synthese abläuft.

Literatur zu 4.

ANDREWS, F. M., u. S. R. TATA: Biochem. Biophys. Res. Comm. **32**, 1050, 1968.

BALZER, H., M. MAKINOSE u. a.: Naunyn Schmiedebergs Arch. exp. Pharm. u. Pathol. **259**, 151, 1968.

BALZER, H., M. MAKINOSE, W. FISCHER u. a.: Naunyn Schmiedebergs Arch. exp. Pharm. u. Pathol. **260**, 456, 1968.

BARBIERE, G. P., u. A. DI MARCO: Exp. Cell Res. **30**, 193, 1963.

BLOEMENDAHL, H. W. S. BONT, M. DE VRIES u. E. L. BENEDETTI: Biochem. J. **103**, 177, 1967.

BRIGGS, A. H., u. E. KUHN: Proc. Soc. Exp. Biol. Med. **128**, 677, 1968.

BRUNI, C., u. K. R. PORTER: Amer. J. Path. **46**, 691, 1965.

BRONK, J. R.: Proc. Nat. Acad. Sci. **50**, **524**, **1963**.

CAMPBELL, P. N., u. B. A. KERNOT: Biochem. J. **82**, 262, 1962.

CAMPBELL, P. N., C. COOPER u. M. HICKS: Biochem. J. **92**, 225, 1964.

CAMPBELL, P. N., G. SERCK-HANSSEN u. E. LOWE: Biochem. J. **97**, 422, 1965.

CAMPBELL, P. N., E. LOWE u. S. SERCK-HANSSEN: Biochem. J. **103**, 280, 1967.

CAMPBELL, P. N.: Acta biol. med. germ. **19**, 621, 1967.

CAMPBELL, M. K., H. R. MAHLER, W. J. MOORE u. S. TEWARI: Biochemistry **5**, **1174**, **1966**.

CARAFOLI, E.: J. Gen. Physiol. **50**, 1849, 1967.

CARVALHO, A. P.: J. Gen. Physiol. **52**, 622, 1968.

CHIMOSEY, J. E., u. J. GERGELY: Arch. int. pharmacodyn. thérap. **176**, 287, 1968.

COMOROSAN, S., u. LUGOJAN, P.: Europ. J. Biochem. **6**, 460, 1968.

FRANCOIS, C.: Biochim. Biophys. Acta **173**, 86, 1969.

HALLINAN, T., u. H. N. MUNRO: Biochim. Biophys. Acta **108**, 285, 1965.

HASSELBACH, W.: Progr. Biophys. Biophys. Chem. **14**, **167**, **1964**.

HENDLER, R. W.: Nature **207**, 1053, 1965.

—: Protein Biosynthesis and Membrane Biochemistry. John Wiley & Sons, Inc. N. Y., London, Sydney, Toronto 1968.

HENSHAW, E. C., T. B. BOJARSKI u. H. H. HIATT: J. Mol. Biol. **7**, 122, 1963.

HIGASHI, T., u. T. PETERS: J. Biol. Chem. **238**, 3952, 196.

HIRSCH, G. C.: Naturwiss. **45**, **349**, **1958**.

HOWELL, R. R., Y. N. LOEB u. G. M. TOMKINS: Proc. Nat. Acad. Sci. **52**, 1241, 1964.

HULTIN, T., A. v. d. DECKEN u. a.: Biol. Structure and Function. Proc. Symp. Stockholm Sept. 1960.

KADENBACH, B.: Biochim. Biophys. Acta **134**, 430, 1967.

KATO, R., L. LOEB u. H. V. GELBOIN: Nature **205**, 668, 1965.

LANDGRAF, W., u. G. INESI: J. Cell biol. **47**, Part 2, 1970.

LOEB, J. N., R. R. HOWELL u. G. T. TOMKINS: J. Biol. Chem. **242**, 2069, 1967.

LÖWE, H., u. F. JUNG: Acta biol. med. germ. **15**, 302, 1965.

MARTONOSI, A., u. R. FERETOS: J. Biol. Chem. **239**, 648, 1964.

—: J. Biol. Chem. **239**, **659**, **1964**.

MARTONOSI, A.: Arch. Biochem. Biophys. **125**, 295, 1968.

—: J. Biol. Chem. **244**, **613**, **1969**.

MARSH, J. B.: J. Biol. Chem. **238**, 1752, 1963.

MARSH, J. B., D. DRABKIN, L. BRAUN u. J. S. PARKS: J. Biol. Chem. **241**, 4118, 1966.

MEIS, DE, L.: J. Biol. Chem. **243**, 1174, 1968.
MOKRASCH, C.: Biochim. Biophys. Acta **107**, 608, 1965.
—, u. P. MANNER: Biochim. Biophys. Acta **60**, 415, 1962.
MOMMAERTS, F. H. M.: Fed. Proc. **24**, 169, 1965.
—: Proc. Nat. Acad. Sci. **58**, 2476, 1967.
MURTY, C. N., u. T. HALLINAN: Biochem. H. **112**, 269, 1969.
—: Biochim. Biophys. Acta **157**, 414, 1968.
PALADE, G.: Microsomal Particels and Protein Synthesis Pergamon Press, Oxford 1958, S. 38.
PITOT, H. C., N. SLADEK, W. RAGLAND et al.: In: „Microsomes and Drug Oxidation" Academic Press 1969, S. 59.
REDMAN, C. M., P. SIEKEVITZ u. G. E. PALADE: J. Biol. Chem. **241**, 1150, 1966.
ROBINSON, J. D., u. D. LUST: Arch. Biochem. Biophys. **125**, 286, 1968.
SCHLESSINGER D.: J. Mol. Biol. **7**, 569, 1963.
—, V. T. MARCHESI u. B. C. K. KWAN: J. Bact. **90**, 456, 1965.
SIEKEVITZ, P., u. G. PALADE: J. Cell Biol. **30**, 519, 1966.
STAHL, J., u. H. BIELKA: Acta biol. med. germ. **17**, K 5, 1966.
SÜSS, R., G. BLOBEL u. H. C. PITOT: Biochem. Biophys. Res. Comm. **23**, 299, 1966.
TSUKADA, K., u. J. LIEBERMANN: Biochem. Biophys. Res. Comm. **19**, 702, 1965.
WARD, K. A., u. J. K. POLLAK: Biochem. J. **114**, 41, 1969.
WEBER, H.: Current Topics in Bioenergetics **1**, 203, 1966.
—: J. Gen. Physiol. **52**, 760, 1968.
WEBER, A., R. HERZ u. J. REISS: Biochem. Z. **345**, 329, 1966.
SELINGER, Z., E. NAIM u. M. LASSER: Biochem. Biophys. Acta **203**, 326, 1970.
BREWS, K., u. P. N. CAMPBELL: Biochem. J. **102**, 265, 1967.
BREWS, K., VANAMAN, T. C., u. R. C. HILLS: Proc. Nat. Acad. Sci. USA **59**, 491, 1968.
WILLIAMSON, A. R.: In: "Essays in Biochemistry" Vol. 5, 139, Ed. by P. N. Campbell und G. D. Greville London, Academic Press.

[1]) NADH und $NADH_2$ bzw. NADPH und $NADPH_2$ werden synonym gebraucht, wie das auch im internationalen Schrifttum zu finden ist.

5
AUTORENVERZEICHNIS

6

SACHWORTVERZEICHNIS

FSC
www.fsc.org
MIX
Papier | Fördert gute Waldnutzung
FSC® C083411

Zeitfracht Medien GmbH
Ferdinand-Jühlke-Straße 7
99095 Erfurt, Deutschland
produktsicherheit@kolibri360.de